有一种活法叫不纠结

杨敬敬——著

成都时代出版社
CHENGDU TIMES PRESS

图书在版编目（CIP）数据

有一种活法叫不纠结 / 杨敬敬著 .-- 成都 ： 成都时代出版社，2018.11（2023.6 重印）

ISBN 978-7-5464-2208-4

Ⅰ．①有… Ⅱ．①杨… Ⅲ．①人生哲学—通俗读物 Ⅳ．①B821-49

中国版本图书馆 CIP 数据核字（2018）第 225136 号

有一种活法叫不纠结
YOU YIZHONG HUOFA JIAO BU JIUJIE
杨敬敬　著

出品人	达　海
责任编辑	樊思岐
责任校对	李　航
责任印制	黄　鑫　陈淑雨
装帧设计	范　磊
出版发行	成都时代出版社
电　　话	（028）86742352（编辑部）
	（028）86615250（发行部）
印　　刷	天宇万达印刷有限公司
规　　格	710mm × 1000mm　1/16
印　　张	14
字　　数	200 千字
版　　次	2018 年 11 月第 1 版
印　　次	2023 年 6 月第 2 次印刷
印　　数	8001–20000
书　　号	ISBN 978-7-5464-2208-4
定　　价	58.00 元

精要絮语

及时给自己内心的纠缠画上句号，才能享受美好的人生。

美国黑人作家埃尔德里奇·克里佛曾经说过：“你不能解决问题，你就会成为问题。”

当我们学会了跟自己化干戈为玉帛，不苛求，不纠结，便可迎来春暖花开。

核心提要

☆ 与自己化干戈为玉帛，在薄情的世界深情地活

☆ 在一个流行离开的世界，我们要学会与烦恼告别

☆ 当自己知道为什么而活，就能忍受任何一种生活

☆ 丢下错误的追求，应明白世间的好处不能独得

☆ 纠结的本质就是想得多而做得少

☆ 努力是埋葬彷徨、跳出纠结的最佳方法

☆ 不要去计较苦难，逆风的方向更适合飞翔

☆ 屏蔽对“认同”的追求，以平常之心爱自己

☆ 拆掉思维的墙，不把自己逼入死角

☆ 不计较彰显魅力，得失权当一场经历

☆ 随缘自适不较真，经营稳稳的幸福

☆ 不以工作为囚笼，在展示才能的舞台上展现自我

前言

Preface

生活有时就像是一团毛线球，一不小心就缠绕在一起，择不开，理不顺，让人心烦气躁。生活总是在纠结中飘忽不定，就像是春天的柳絮，没有固定方向。

人们容易沦陷在纠结与怀疑编织而成的网里，左右为难，寸步难行。纠结就像是拉锯，一来二去，会分裂我们的心，锯断我们的前程。

让人们陷入纠结的原因有很多，几乎没有人能够避免，绝大多数人都在不同程度上经历着一种纠结。只有走出这种纠结的状态，才能让人们内心平和，稳步前行。不然，我们的人生只能在煎熬与痛苦中沦陷。

美国黑人作家埃尔德里奇·克里佛曾经说过："你不能解决问题，你就会成为问题。"同样的，当你无法摆脱纠结的时候，那么纠结就会成为你的问题。

纠结，最明显的表现是做事迟疑、举棋不定，就像是人站在了十字路口，如果迟迟不做出决定要往哪儿走，那么后果不堪设想。

常常纠结的人，容易处于迷茫、疑虑、麻痹、不安、惶恐等状态中，对于他们而言，最重要的是尽早结束这种状态，才能过好自己的生活；及时给自己内心的纠结画上句号，才能过好自己的人生。编写这本书，目的就在于让读者能够尽快摆脱纠结。本书每章后面的心理测试部分只供参考，结果无须太过纠结。

由于能力有限，编写过程中难免有所纰漏，敬请读者指正谅解。

目录

Contents

第三章

当自己知道为什么而活，就能忍受任何一种生活

第四章

丢下错误的追求，应明白世间的好处不能独得

第五章

纠结的本质就是想得多而做得少

第六章

努力是埋葬彷徨、跳出纠结的最佳方法

第七章

不要去计较苦难，逆风的方向更适合飞翔

第八章

屏蔽对“认同”的追求，以平常之心爱自己

第九章

拆掉思维的墙，不把自己逼入死角

第十章

不计较彰显魅力，得失权当一场经历

第十一章

随缘自适不较真，经营稳稳的幸福

第十二章

不以工作为囚笼，在展示才能的舞台上展现自我

第一章

与自己化干戈为玉帛，在薄情的世界深情地活

我们时常会像智者一样劝慰别人，却像傻子一样折磨自己。当我们学会了跟自己化干戈为玉帛，试着去爱自己，不皱眉，不苛求，便可迎来春暖花开，邂逅一个全新的世界。

接受缺憾，才能无憾

人生这棵树上，结满了各种各样的果实，有圆满而甘甜的，也有残缺而苦涩的。正如狄德罗所说："如果世界上所有的一切都是十全十美的，那便没有十全十美的东西了。"对人对事严要求、高要求并不是什么坏事，但若是到了苛刻的程度，非要从鸡蛋里挑出骨头来，那么无非是自己在跟自己较劲，自找不痛快。

生活就像是煮茶叶蛋，因为有了裂缝，才能充分入味。何必为那些缺憾而斤斤计较呢？苏东坡早就告诉我们："人有悲欢离合，月有阴晴圆缺，此事古难全。"南宋方岳也曾说过："不如意事常八九，可与人言无二三。"

追求完美本身是无可厚非的，是一种浪漫的憧憬与希望，但是凡事都要适度，过于执着或耿耿于怀，就只会给自己找不痛快。

有一位渔夫，在捕鱼时意外地得到了一颗光泽照人的大珍珠。渔夫高兴坏了，拿着珍珠左瞧瞧右瞧瞧，爱不释手。不过他越看越觉得不顺眼，因为白白润润的珍珠上有一个不易察觉的小黑点。虽然乍看之下不太显眼，但是在渔夫眼里它显得十分突兀，破坏了整颗珍珠的美感。渔夫想："如果把这个小黑点去掉，珍珠就变得完美无瑕，到时一定能够卖个好价钱。"于是他就小心翼翼地刮去了珍珠一部分表层，但是斑点还在；看着斑点，渔夫想反正刮都刮了，索性就彻底一些，于是又狠心刮去了一层，结果斑点还在。他刮啊刮，到了最后黑点不见了，但珍珠也刮去了大半。渔夫看着手中只剩下一半的珍珠，不断懊恼：“如果我不去计较那个小黑点，现在手里还攥着一粒硕大而美丽的珍珠啊！”

活得纠结的人，常常就像这个渔夫一样，一心想要把珍珠上的小黑点去掉，结果在追求完美的过程中，反而让原本的美好消失了。有黑点的珍珠只是白璧微瑕，而且正是其不着痕迹、浑然天成的可贵之处。这种美，美得朴实，美得自然，美得真切。

凡事切勿苛求，重在求真务实，因为有了缺陷的存在，才有了进步的余地，有了更上一层楼的雄心壮志，学会接受不完美，在放过自己的同时，也会让你更加趋于完美。

柳树虽然没有挺拔的身姿，却有着婀娜多姿、随风摇曳的美；青松没有美丽的花朵，却有着傲然挺立的气质；白杨虽然没有迷人的花朵和漂亮的叶子，却有着参天的气魄。有时候，生命就是这样，虽然有一部分不及他人，但是必有一个地方比他人耀眼。

从某种意义上来讲，人们不正是由于不够完美，才不断地完善自我吗？季羡林先生说：“每个人都想争取一个完满的人生。然而，自古及今，海内海外，一个百分之百完满的人生是没有的。所以我说，不完满才是人生。”

如果想要摆脱纠结，就要学会不要用一种挑剔的心去看待自己或者生活，不整天跟自己较劲。事情不完美不是残缺，而是另一个角度的成全，是另一种意义上的完美。人一旦接受了缺憾，才能迎接一个无憾的未来。

不纠结容貌，修炼内在比妆饰外在更重要

古今中外，有太多人为了容貌这种与生俱来的东西而跟自己较劲，费尽心机想要让自己变得更美。化妆、整容、打各种针、吃各种药……这些人变着法儿地想要改造自己。天生丽质固然是幸运的，是上天赐予的礼物，但是没有了这份幸运和礼物，人们依然可以过得十分精彩。

真正的美丽从来不是文人墨客笔下的倾国倾城、沉鱼落雁，也不是世界小姐评委眼中的明眸皓齿、纤体细腰，而是一种心情，一种涵养，一种自信，一种感觉。

当然，让习惯了“以貌取人”的人类完全不在乎自己的外貌几乎是不可能的，毕竟爱美之心人皆有之。当人们一直在容貌上斤斤计较的时候，就会越发对自己的容貌不满，将容貌当成评价自己的唯一标准，而一旦如此，就容易让自卑缠上自己。

活得不纠结的人，往往并不会太在意自己的容貌。他们宁愿花时间去修炼自己的内在，让自己更像是一本耐看的书，让人一打开便觉得精彩纷呈，不愿意放下。虽然美丽的女人更容易得到人们的喜欢，但是也不代表长相普通

甚至有些丑陋的人，就无法获得成功的青睐，无法获得想要的幸福。因为成功和幸福这些东西，向来并不是由外表这一个因素决定的。

美国电影《胖女孩》讲述了这样一个故事：

主角贾兹敏·比特摩尔是一名时尚时装设计师。在尼日利亚旅行时，她结识了一个很欣赏自己并且自己也很中意的男子——唐德·乔纳森。两人志趣相投，可是有一个问题一直困扰着她，那就是她的外貌。体态有些丰满的贾兹敏总觉得自己配不上对方，因此常常为此纠结不已。因为对容貌的不自信，让她对眼前这个近乎完美的男人产生了严重的猜忌与担忧。有一次，唐德因为公事而没能跟贾兹敏共进晚餐，并提前告诉她自己当天要跟一位女客户谈工作。

贾兹敏本来觉得没什么，可是当她在餐厅偶遇了唐德，并看到唐德口中的女客户是一位漂亮的小姐时，她突然失去了理智，像着了魔一般不顾公共场合公开指责唐德与那位女士，甚至对他们之间的工作关系提出了质疑。贾兹敏在餐厅的吵闹让唐德很尴尬，事后知错的贾兹敏也觉得过意不去，主动提出了分手。她知道自己这样下去，迟早有一天会失去唐德，自己这只丑小鸭终究变不成美丽的天鹅。

在与唐德分手之后，贾兹敏重新把生活的重心放在了工作上，她抛弃了对外貌的计较，每天花大量时间在工作上。终于有一天，几位胖太太看上了贾兹敏的设计，并给予了她很大的肯定。随着她所设计的衣服越来越受欢迎，经销商们为她举办了一次服装发布会，随即在服装节掀起了一股丰满太太的时装潮流。

事业上的成功让贾兹敏认识到其实外貌并没有自己认为的那么重要，只要拥有了自信，便能活得足够耀眼。最终她鼓起勇气前往尼日利亚，准备找回那份丢失的爱情。

诚然，漂亮的外表确实能够给人带来好感，因此人们才会注意自己的言谈举止、礼仪和服装。但是过度拘泥于外貌，认为外貌可以决定一切就太过偏颇了。一本书封面再吸引人，如果内容让人读起来如同嚼蜡的话，也很难让人看下去。

为自己修炼一颗智慧之心，即便没有好的容貌，你也能够散发出自己的香气。一个只看重你外貌的人，不要也罢；一个只看重你外貌的公司，不去也罢。当你有了足够的核心竞争力，足够自信的时候，就不会再为容貌而发愁，只会像马云那样淡淡地说一句："男人的长相和才华成反比。"

不做自己的差评师

但凡过得纠结的人，心底总会藏着一些秘密不愿示人却又忍不住时常翻出来折磨自己，这些秘密大部分是自己认为的某些缺点，也许是身高，也许是容貌，也许是家庭背景，也许是不堪回首的过去，也许是过于别扭的性格……总之，几乎每个人都有不足之处，在自我的审视和悲观情绪的影响下，演变成一个自卑点。

汪国真曾说过："一个心中没有秘密的人，不会幸福；一个心中有太多秘密的人，一定痛苦。秘密，是心灵之花，一束是一种美，太多了便会为其所累。"当你尝试着把缺点藏得严丝合缝，生怕人知晓的时候，你心里对缺点的恐惧感反而会增加，将缺点看得越来越重要。而一旦开始用缺点定义自己，那么就相当于将自己关进一间黑屋子里，不愿意开门接触外面的阳光，却总在抱怨屋子太暗。

美国著名社会学研究者布琳·布朗曾经深入地研究我们心灵中最脆弱

的一面。布朗研究过的对象可以分为两类：一类是有着强烈的爱与归属感，认可自己的价值，有着天生的自信；另一类总在纠结，在怀疑自己的能力，他们羞愧于自己差的一面，对好的一面充满不自信，害怕各种风险，害怕自己的缺点会暴露在众人面前……

霍贝斯曾经写道："眼睛善于观察别人的人，一定疏于观察自己。"有些人不是疏于观察自己，而是将观察的眼光只锁定在了自己的某一部分，而这一部分往往就是自己的缺点。以偏概全地评价自己的人，大多生活问题丛生，他们会觉得自己一无是处，却不知道一旦他们改变了心态，就可能迎来另外一种景象。

美国黑人青年沙卡·桑戈尔十九岁时差点在帮派斗争中被人枪杀毙命，不过在鬼门关走了一遭的他非但没有意识到生命的可贵，还在一年之后，用枪杀死了另一个人。在监狱里，他觉得自己是世界上最差劲的人，不仅一无是处还好勇斗狠。他开始痛恨离婚的生母，痛恨自己长大的地方，痛恨社会……他觉得自己以及周围的一切都糟糕透了。当他陷入这种情绪之中的时候，一封信拯救了他。写信的人是他五岁的儿子。儿子认的字不多，却一下子敲开了他紧闭的心门，让光亮开始照进了他黑暗的心房。儿子在信中写道："爸爸，妈妈说你因为谋杀进了监狱。爸爸，请不要杀戮，要祈祷。"

短短几句话，让他开始正式去审视自己。自己的人生真的已经无可救药了吗？他开始在监狱里尝试着写一些东西，记录下自己的点滴，慢慢地开始走向了一个未知的世界，甚至他从未想过有一天自己会闯入这个世界。他在狱中写道："我在我的人生里第一次发现，诗歌如此美妙，贤者先哲们如繁星般闪耀。"

出狱之后，沙卡回归家庭，跟父母和解，在网上写出了自己的故事以及感悟。随后，他创办了自己的网站，成了知名的心灵讲师。之后他又在密歇根大学任教，并致力于帮助那些陷入迷茫中的人。

在一次演讲中，他多次提到，不要害怕与自己差的一面相处，你最差的一面并不能定义你。

一个人如果总是拿着放大镜去看自己的缺点或者遭遇的不公，那么他就会陷入“我太差了”“我配不上”的自卑里。实际上，所有的差评都是你自己打上去的，所以只要你愿意，你就能够撤销差评，活得足够精彩。

每个人都是自己生命问题的专家，关于你的问题，没人比你更有发言权。活得不纠结的人会公正地看待自己的缺点，对于可以改正的缺点，他们会看成自己可以进步的一种信息；对于无法改正的缺点，他们则学会释然。

人们之所以总觉得自己不够好，是因为我们生活在社会里，常常会被社会的价值观所绑架，因此对自己的评价难免会受到外界的影响。当我们能够摆脱这样的负面评价，从一个客观和积极的角度去评价自己的时候，你就会发现，生命正是因为有了裂缝，才能照进阳光。

所以不要惧怕自己的缺点，更不要用缺点去评价自己，每个人都有差的一面，也有好的一面，我们不应被其中的一面所捆绑，一直在差的一面中纠结。松开那道捆绑自己的枷锁，让自己获取自由。

原谅自己，淡看曾经犯下的错误

人们对自己是最宽容的，也是对自己最无情的。很多人一旦犯错，就难以自我消化，即便都是些很小的错误，在羞耻心和自尊心的驱使下，也往往会出现作践自己的情况。

很多人犯错之后就会不断自责，想要借此来缓解内心的愧疚感，但往往越作践自己，内心就越会滑向深渊，越跟自己怄气，直至精神世界彻底垮塌。

其实错误既然已经犯下，不如权当是一种体验，不再犯就是，不可在追悔莫及中，让自己一直活在阴影里。

2009 年春晚直播中，董卿在主持的时候出现了口误，误将“马季先生的儿子”说成了“马先生的儿子马季”。董卿的失误迅速发酵，作为一名央视主持人，这样的错误可谓最低级的。

当时，董卿其实并没有意识到自己的错误，几位一起主持的主持人和导演为了不影响董卿后面的发挥，也没有将这件事告诉她。直到春晚结束之后，董卿走下舞台，拿起自己的手机，发现几个朋友纷纷给自己发来了短信，而这些短信跟往年不同，除了拜年之外，更多的是说“没关系，错了也没关系”之类的话，这才让董卿恍然大悟。

意识到自己的失误之后，董卿就开始纠结，自己的表现实在是太糟糕了，不仅对不起表演者，更有愧于台领导的重托，认为自己有失一个主持人的职业素养。回到家之后，董卿的自责之情更加严重，吃完了速冻饺子，躺在床上翻来覆去睡不着。第二天醒来，她仍陷入自责情绪之中，一连两天，她都不敢上网。后来她说："我是一个特别追求完美的人，在这么一个重要的场合，出现了这么一件事，心里其实挺难过的。"

后来同为央视主持人的白岩松意识到如果不对董卿的这种情绪进行干涉，恐怕会让她一直陷入自责之中。于是他告诉董卿，网友们并没有董卿料想中那么苛刻，大家对董卿这次失误都表示谅解，网上大多说的也是一些鼓励的话。经过白岩松的开解，董卿心中的石头也算是放下了。其实，生活中难免会出错。主持人也不例外。出错了并不可怕，也不必抱着这个错误过于纠结。只要及时改正，错误就没什么大不了的。

当人们犯错的时候，往往会夸大自己的错误，认为自己的错误是不可饶恕的，可是大多数我们觉得别人会在意的问题，自己纠结了半天，才发现其实对方早就抛之脑后了。

错误已然犯下，如果还有可能去弥补，那么就尽全力去弥补；如果已经成了定局，那就要学会调整自己的心情，开始新的生活。错误的事情已经发生，也为此付出了代价，要懂得适时原谅自己，接受事实，总结教训，将自己从过去的痛苦之中捞出来。

人非圣贤，孰能无过？犯下错误其实并不可怕，可怕的是我们往往会逃避现实，失去做事的心情，甚至赔上现在和将来。我们要学会忘记一些过错，不然只是徒增烦恼。切忌不要一直沉浸在过去的错误里而忘记过好现在，在自责的泥潭里越陷越深，我们需要做的是，适度地忘记，这样才能赋予我们面对明天的勇气。请善待一下自己，把自己从坏情绪里捞出来，放下错误的枷锁，才能以一种更好的面貌面对明天。

愿时光赋予你的，是一场从容不迫

世间走得最急的莫过于时间，才“竹外桃花三两枝”，须臾间就“风吹雪片似花落，月照冰文如镜破”。时光走得太快，以至于到了一定年纪，活得纠结的人常常会误将时光当敌人。当时间如洪水般袭来的时候，他们会习惯性地负隅反抗，但到了最后终究还是败下阵来，让人忍不住发出“最是人间留不住，朱颜辞镜花辞树”的慨叹，年龄成为他们不忍提及的痛楚。

其实与其说时光是个敌人，倒不如说它是个情人。小时候，我们追着时间跑，希望能够快点长大；长大了之后，又开始缠着时光，生怕它突然离自己而去，留自己黯然神伤。对年轻人来说，生老病死是遥遥无期的事情，就像是热恋中的男女总觉得能跟对方“白首不相离”，但是嘀嘀嗒嗒的秒针又不断提醒着人们，岁月是最无情的东西，所有人都在一步一步迈向衰老，由不得你去讨价还价。

人们笑着调侃说岁月是把杀猪刀，其实岁月更像是一把刻刀，悄无声息却又无比温柔地将人们雕刻成一个清晰的模样，削掉那些幼稚与不安，让人们更加柔和细腻，成为一个更具有魅力的个体。走过岁月山河，历尽劫数、尝遍百味的人，会显得更加生动而干净，就像是一个老瓷器，染了时间的印痕，虽然慢慢地旧了，但更具韵味，让人爱不释手。正如白落梅所说：“时间永远是旁观者，所有的过程和结果，都需要我们自己承担。”

彭薇薇年轻时候是一个令人过目不忘的大美女，如果把女人比作花的话，她定然是朵玉兰，开得大气又惹人注目，当年不知有多少青年才俊拜倒在她的石榴裙下。

大学毕业之后，她与谈了三年的男友步入婚姻的殿堂，孩子出生后她便当了全职太太。丈夫很有能力，经营着一家公司，虽然平时很忙，但是时常会陪彭薇薇和孩子去旅行放松，作为一名阔太太，丈夫体贴，孩子懂事，彭薇薇成了很多人口中“飞上枝头变凤凰”的代表。在人们的臆想中，她应该像很多阔太那样过一种挥霍的生活，但是她没有这样做，而是选择了一种更务实、简约的生活方式。她会像其他家庭主妇一样，跑到超市去抢购减价商品，也会每天系着围裙穿梭在锅碗瓢盆间，为家人研究新菜式。慢慢地，她脸上出现了油光，腰上长出了游泳圈。贤妻的形象是有了，仙气却渐渐淡了。

彭薇薇好像从来都不会去在意时光在她身上留下的痕迹，不过有时，彭薇薇提着菜回来，一些知道她家情况的老大娘们就会提醒她：“你丈夫那么有能力，长得又是一表人才，你不能整天把自己埋在家事里。女人啊，要注意保养自己，男人四十一枝花，女人四十豆腐渣。”彭薇薇知道对方是为了自己好，因此并不会跟对方多争辩，不过也不会太把对方的话放在心上。因为她知道，时间确实会带走很多东西，是人们留也留不住的，不过也带来很多东西，是别人给不了的。比如他们夫妻二人，在时间的打磨下，愈发默契，也明白婚姻的意义到底是什么。时间会让他们得到成长，感情也会在这种成长中成为参天大树，不惧风雨。

丈夫也常跟她说：“以前我喜欢你的不染风尘，貌美如花，如今我更欣赏你的生活气，成熟内敛，那夹杂着爱的一粥一饭里，是你藏不住的温柔，是多少化妆品都换不来的。”

随着时光的流逝，这对夫妻早已认清楚对方，也明白生活并没有人们臆想中那么多狗血剧情，不必要把自己活得太过复杂。时间赋予了人们从容与淡定，也赋予了人们体察幸福的能力，不要去跟时间斤斤计较。

时光早就把最美妙的东西加在了那些善待它的人身上。那个美妙的东西，是清淡，是安稳，是从容不迫，也是一颗随遇而安的心。

走着走着你就会发现，原来自己臆想中的生活，在不知不觉间发生了翻天覆地的变化，让你原来紧张的心情开始变得从容起来；你所纠结的问题，不知不觉间早已尘埃落定；你曾经爱得死去活来的前任，早已尘封在岁月里，甚至连印象都开始模糊；你曾觉得输赢很重要，后来突然明白过来，是非对错全然不是问题，包容和妥协才是正道，你和这个世界的关系，也从对立变成接纳。

你曾经觉得世俗就像是脏兮兮的泥土一样让人厌恶，可不知不觉间你也体味出了泥土的好，发现泥土里长出了鲜花、蔬菜和庄稼，而这些

正是你生活的必需品；你曾以为美丽是女人一辈子的使命，你永远都不会蓬头垢面，走到现在，你才知道自由地去做自己就好了，你骨子里散发出的美丽，能够抵挡住一切的风吹雨打。

陆琪曾经说过：“一个人的美丽，并不是容颜，而是所有经历过的往事，在心中留下伤痕又褪去，令人坚强而安谧。所以，优雅并不是训练出来的，而是一种阅历。淡然并不是伪装出来的，而是一种沉淀。从某种意义上来说，人永远都不会老，老去的只是容颜，时间会让一颗灵魂，变得越来越动人。”

不要为美人迟暮而发愁，也不要为壮士暮年而纠结。人生总有谢幕的一天，我们都将老去，心在沧桑中得到了洗礼。当我们接纳了时间带给我们的一切，那么必然也可以让我们变成一个更好的人。人的一生就像是四季，春有春的花香四溢，夏有夏的郁郁葱葱，秋有秋的硕果累累，冬有冬的玉树琼枝。每一个季节都是一种经历，都有一分精彩等待着我们去邂逅。不用为岁月的流逝而纠结，时光赋予你的是一场从容不迫的成长。

测试

你对自己了解多少

1. 你在跟伴侣争吵的时候，突然有人来拜访，你会怎么做？

A. 装作什么都没发生的样子

B. 将情绪伪装得很好

C. 不管，继续争吵

D. 暂时休战，等到客人走后再吵

2. 你突然得知，一个同事得到了你梦寐以求的职位，你会怎么做？

A. 向他表示祝贺

B. 躲着他，不想跟他见面

C. 不做改变，像往常那样对待他

D. 去找他，跟他就这件事探讨一下

3. 在度假的时候，你会怎么表现？

A. 会嘲讽同伴穿着太夸张

B. 你会做一个带头人，带着大家去玩

C. 被迫跟别人一起玩，但玩起来兴致并不高

D. 你迫不及待地去安排餐饮

4. 你开始恋爱的时候，会如何表现？

A. 直截了当地表明自己的感情

B. 写一封长信来表达自己的爱意

C. 欲言又止地让对方明白自己的心意

D. 当着很多人的面向对方表白

5. 小时候你被打了一记耳光，你会怎么做？

A. 低着头，伤心地躲进自己的房间

B.会冲对方喊：我一点儿都不痛

C.会低声嘀咕，就会欺负小孩子

D.觉得不公平

6.在坐出租的时候，如果司机将车开得太快，会怎么做?

A.友好地向他询问，这辆汽车的最高时速是多少

B.因为担心出事故，会不停地深呼吸来放松自己

C.直接请司机放慢车速

D.小心地向司机询问，是不是情绪不太好

7.你认为一个成功的领导，必备的素质是?

A.坦率

B.自信

C.自控能力

D.团队精神

8.在一次晚宴上，你被安排坐在重要人物的身旁，你想做的事情是?

A.如何让对方开心

B.如何才能让对方觉得不无聊

C.如何让他觉得不孤独

D.怎样才能给对方留下深刻的印象

9.由于将一个棘手的问题出色解决，上司对你表示祝贺，你的回答是?

A.听到您的夸奖我感到很高兴

B.我只是做了应该做的事情

C.确实，不容易

D.应该感谢整个团队

10.在青少年时期，你的感情生活是?

A.跟同龄的小伙伴在一起

B. 有很多追求者，他们不抱希望地爱着你

C. 第一次性关系比你的朋友晚，你是一个浪漫者

D. 你的理想伴侣应该是：可爱，快乐，不同寻常

测试规则说明：

1. 计算你所选择的A、B、C、D的数目。如果某个选项的数目在2个或以下，那么可以忽略不计；如果为3~5个，这一项的解释比较符合你；如果为6个或以上，则很符合你。

2. 测试结果可能会出现交叉现象。比如你选出了6个A、3个B、1个C，这说明A是你的主色调，B偶尔会在你的身上有所体现，C根本不符合你。

测试结果分析：

A. 代表的是压抑的自我：不敢做自己

你很难去做自己。在塑造自己个性时，你常常会顾及他人，避免与他人出现冲突或者形成紧张局势。你想要在一个绝对安全的情况下做自己，就像是一朵温室里的花，惧怕着一切的风吹雨打。但是，因为这几乎是不可能的，所以你常常会心甘情愿地放弃自己。当然，这并不总是一个有意识的决定。当你认真考虑之后就会发现，你在不知不觉中丢掉了很多的自我坚持，压抑了自己很多的需求。

这种自我的压抑得失各半。你发展了很好的倾听能力，懂得尊重和真诚对待别人，让你成为受众人喜欢的人，能够很好地融入一个团体中。但是因为做出了很多让步，让你产生了很多遗憾与挫败感。也许还给人有点虚假的印象，甚至有人认为你乏味、平庸，因为你总像墙头草一样，没有一个明确的立场。你也常常会感到压抑和自卑。

对你来说，现在最重要的事情就是要去做自己。让别人明白，你也有感情与需求，让人更加理解你，了解你的底线，哪怕局面出现了一丝紧张也不要紧，因为那并不是不可原谅的。

B.代表的是虚假的自我：在假装自己

你一直戴着一张面具生活，因为习以为常，甚至连你自己都没察觉到。从表面来看，你所有的表现都十分正常，这不过是你善于伪装。你其实并不想欺骗别人，这些不过都是你为了符合别人对你的印象而做出的自动反应。在紧急情况下和过激行动中，你有着超强的自制力，能够很好地控制自己的形象与外在表现。这让你能够很快去适应周围环境，很快跟团队融合在一起。你能很好地完成自己的目标，被周围的人认为是个有魅力的人。不过当你独处的时候，你常常会陷入迷茫，不知道自己是谁、到底想要得到什么、是否成了自我幻象的奴隶。这让你常常会处在一种焦虑与压力之下。

为什么要去做符合他人期待的事情呢？你不得不在制造的自我和更接近内心真实的自我之间做出选择。其实，你也常常情绪低落，不愿意去做很多事情，并且表现得十分脆弱。你要记住，表示自己的软弱也是一种权利。

C.代表的是夸大的自己：我就是这样

你有时候太过自我了。你将自己的权益划分得十分清楚，也让其他人清楚这一点。你觉得，人生就是一趟单程列车，所以一定要实现自我、坚持自我。如果有人对你的计划提出了反对意见，你会不予理睬。别人对你的看法，不会对你造成困扰。你不会将自己的生活建立在别人的评价之上。

你的个性很强，具有领导品质和无可争议的创造力，备受众人尊重与爱戴，但是常常控制不好自己的情绪，有时甚至会怒火冲天。你不会去取悦他人，因此常常会忽略他人的一些感受。有时人们会认为你很自私。

你其实可以让自己更加优秀，更受人欢迎。不如培养一些倾听能力，去了解一下他人的看法。这会让你在发展的道路上如虎添翼，去承受一些损失，能够带给你满足感。

D.代表平衡的自我：努力成为我自己

你努力去成为自己,你觉得在生活中展现自己的个性是很有必要的。对于承认自己的缺点和能力有限，你并不认为是一件难以开口或者难堪的事情。同时，你也为自己的优点感到高兴。在你看来，没有什么比去感受自我更愉快的事情了。这让你成为一个给他人带来安心感与愉快的人,你的行为不会对领导造成负面影响,而且能够给弱势的人带来安慰。有了你，一切变得简单和自然。

你的自我容忍有利于情绪的培养，但是对你的自我发展并不利。偶尔会有的灰心丧气和挫折，是自我调节的必不可少的杠杆，你应当为自己的生命注入一些惊奇、变化，发现并接受外部世界的刺激。

第二章

在一个流行离开的世界，我们要学会与烦恼告别

人生有很多理想，但不一定每件事都能让自己和他人心悦诚服，不是每件事都能心想事成。生命有太多时刻需要学会告别，懂得放下，善于包容，之后才能从容、心安。

把自己锁在过去，永远无法与未来相遇

人生充满了未知与不可预料性，没人知道自己的将来会是什么样子的，也没人知道自己什么时候会与遗憾擦肩或者相遇。人不可能不做错事，不可能不走弯路，如果因此而纠结不已，那只能说明你在做一件最浪费生命的事情。人生是列单行列车，没有返程的票。昨天的阳光再好，也晒不干今天的衣裳；同样地，昨天的风雨再肆虐，也影响不了今天的日出。为什么要把大好的时光浪费在对过去的悔恨之中？

明代大学问家曹臣在《说典》中记录了这样一个故事：

东汉大臣孟敏，在年轻的时候曾经买过甑（古代蒸饭用的一种瓦器），有一次，他装甑的担子不小心掉到了地上，甑全都被摔碎了，他拿起担子头也不回地离开了。有人便追上他，询问说："甑坏了实在是太可惜了，为什么你连看都不看一眼呢？"孟敏十分坦诚地回答说："甑已经坏掉了，看又有什么用呢？"是啊，甑再珍贵，再值钱，再跟自己的生活息息相关，已经摔破了，已经是无法更改的损失了，你为它伤心落泪，叹息不已，总是盯着碎掉的甑，又有什么好处呢？

甑已经打破，无法恢复原状，任你后悔、痛惜、哀叹、伤心都没有用；任你捶胸顿足、呼天喊地，悔断肠，疼得心肝脾肺肾都无法正常运转又有什么用呢？一味地伤心落泪，只会让坏心情占据你的内心，让自己一

直生活在无法挽回的悔恨中。

人们之所以每天愁眉苦脸，被一些不可名状的困惑和无奈缠绕，主要是由于人们没有学会遗忘。

在人生这条路上，我们看到的并非全是让我们为之心醉的风景和一片坦途，还有一些不可预料的挫折与不幸，有些打击甚至是足以致命的。一次不该有的邂逅，一场影响一生的疾病，一次不成功的投资……这些都是我们应该从记忆的底片上抹去的镜头。因为我们还在路上，我们的明天还在远方，我们选择遗忘是为了让自己的脚步更加轻盈。

人们常常会为别人对自己的误解而耿耿于怀，把别人的轻视埋在心底，不知不觉间就给自己套上了一层层精神枷锁，心里的那片蓝天不再像以往那般晶莹透亮。那些悔恨伴随着成长的足迹深植于心，在不经意间折磨摧残着自己。

泰戈尔说："我曾错过太阳，但我不哭泣，因为那样我将错过星星和月亮。"没错，过去了就让它画上句号，不要总是在脑海里重播。

在生活中，我们尽量以"选自己所爱，爱自己所选"来进行选择。

"选择自己所爱"也就意味着，当我们面对选择的时候，要选择自己所爱的、所喜欢的，这样至少可以不留遗憾。而"爱自己所选"则意味着，当我们已经做好选择之后，要懂得珍惜、尊重、坚定自己的选择，对自己的选择投入热情和责任感。

不要总为已经做过的选择而耿耿于怀，不如认真审视一下摆在自己面前的选择。这就是人间的生活，好也罢，坏也罢，都需要我们一步步走过。所以走吧，哪怕深一脚浅一脚，走过了就不要回头，毕竟人生路正远，明天总要面对。

纠结于别人的错误，其实是在惩罚自己

所有敌对的开始就是一场悲剧的开始，不管何时，当你必须在某件事上做出选择的时候，你的态度往往决定了整个事件的走向与结局。

包容是人们最有力的武器。外表的强悍只是一件金衣，而内心的强大才能真正地让你远离纠结，走向一个更广阔的天地。

一天，卡耐基收到了一封批评自己的信件，言辞十分犀利，让卡耐基感受到了深深的侮辱。卡耐基觉得自己不能平白无故地遭受这样的侮辱，因此决定写一封信回击对方。

因为太过气愤，他洋洋洒洒地写了整整5页纸，觉得只有痛击了批评自己的人，心中的烦闷才能消除。当卡耐基终于将这封信写完并准备寄出去的时候，才发现办公室早就人去楼空，只剩下自己在“孤军奋战”，秘书也早已下班了。无奈之下，他只好先将这封信放在抽屉里，准备明天再寄出。

到了第二天，卡耐基其实早已忘记了昨天的事情。当他无意中打开抽屉看到昨天写的信的时候，脸突然涨红起来。他想，昨天还气愤得不得了，恨不得跑到对方跟前把对方揍一顿，今天却已经不记得了。自己把半天时间都花在了如何回击对方上，不仅耽误了自己的时间，还让自己一直受到负面情绪的影响。在想明白之后，他重给对方写了一封信，在信中写了“感谢您的忠告”这一类的话。没过多久，卡耐基又收到了对方的回信，对方表示十分钦佩卡耐基的诚恳，并为自己的失言表示道歉。从此，不管什么事情，卡耐基都会用宽恕的态度来对待。

在生活中，难免会与一些人发生摩擦，当他人冒犯自己或者损害自己利益的时候，给予对方理解与宽容，不仅是一种美德，还能让自己少一些纠结，多一分大气和从容。

宽容是上天赐予我们的一种福祉，正所谓放过别人就是善待自己。试想，如若我们不能原谅他人，将时间与精力全都浪费在与人斤斤计较上，哪还有时间做好自己的事情啊？

一位智者曾经说过：“你必须宽恕两次。一次是你必须原谅你自己，因为你不可能完美无缺；另外你必须原谅你的敌人，因为你的愤怒之火只会让你变得更加愚蠢。”

不懂得宽恕别人的人，只会让自己活在痛苦里，终日郁郁寡欢。生活中很多事情，如果我们能够以一颗宽容之心对待，那么问题就能很快迎刃而解。不要因为别人的一些污言秽语，就让自己暴跳如雷；不要因为他人无意中给自己带来不便，就不分青红皂白地抱怨……学会了宽容不仅有利于身心健康，而且可以让自己受益匪浅。当然，宽容也并非是纵容，不是无原则地宽容，而是建立在自信、责任和有益于社会的基础上的适度宽大。

当我们因为他人的错误而耿耿于怀的时候，不妨站在对方的角度来想一下，用一颗宽容的心去理解世界。你对世界多理解一些，日后世界就能对你多一丝理解。

做一次生活上的断舍离

人生的种种烦恼，总夹杂在我们对物品的执着中。拥有某些东西，似乎是一件好事，但有时候，拥有反倒成为我们的负累，不知不觉成了束缚我们的枷锁。

有这样一个小故事：

一只生活在森林里的小白兔，特别有慧心，它到了晚上，就会跑到外面去看一看皎洁的月光。在它眼里，不管是什么形状的月亮都是最美的，都是别具一格的。因此，每到晴天的晚上，它就会跑到草地上，一边悠闲地啃着草叶，一边心旷神怡地欣赏月亮。

天上的神明见这只小白兔如此喜欢月亮，便决定将月亮赐给它。于是，神明就召见了白兔，对它说："万物均有所属，你既如此钟爱月亮，从此你便是月亮的所有者了。"

小白兔一听，高兴得不得了。不过它很快就发现，虽然自己依然每天晚上都跑到草地上去看月亮，心情却不一样了。过去它看月亮的时候，心情都十分放松，可是自从知道月亮归自己所有之后，那种闲适放松的心情就荡然无存了，取而代之的是"这是我的月亮"一种担忧感。它担心月亮会突然消失，因此像守财奴守着手里的财富一样盯着天上的月亮；乌云遮月的时候，它惶恐不安；月缺之时，它更是心如刀割。原来的享受如今竟然变成了折磨。

终于有一天，小白兔再也无法忍受这样的伤痛，对那个赐予它月亮的神明说："请收回您的馈赠。"神明随即也答应了它的请求。从此，小白兔又恢复了过去的悠闲与快乐。

我们活着是为了更好地生活，成为一个更好的自己。很多时候我们都会被外物所累，自己视为珍宝的东西，有时不过是一些廉价之物，这些东西之所以一直占用我们的空间，是因为我们赋予了它一个叫作回忆的意义。人们对过去的一些美好时光总是无比怀念，比如多年前收藏的唱片，尽管已经多年没有打开过，但依然舍不得扔掉，因为它陪你度过了这个青春时光；比如一双鞋子虽然多年没穿了却不舍得扔掉，因为这是一个好朋友买给你的……诸如此类，不胜枚举。不可否认，得到这些物品的时候，我们一定是欣喜若狂、爱不释手的，但如今这些物品的结局都一样——被塞到纸箱里，搁置在最不显眼的角落。然后，你在朝它们望去的时候，叹息着说："唉，这些可都是我的回忆，我不舍得扔掉。"

这是一个极其愚蠢的做法，真正的回忆储藏在我们的大脑记忆里，而并不是某个特定的空间里。否则，当你的房间堆满了"过去"，那你把"未来"又该放在哪里？

扔掉无用的东西，让房间腾出更多的空间，才能填入更好的东西；清理内心的杂念和对过去的留恋，生活才能更好地向前迈进。

很多时候，我们的烦恼忧伤都是因为睹物思人，看到那些过去的东西，不是勾起了你伤心的往事，就是让你想起了似水流年。正所谓"眼不见心不烦"，那些没什么用处的老物件，若不是为了留作古董日后升值，还是早早丢进垃圾桶比较好。

不管是生活还是情感，你若想要掌握主动权，就要定期去清理它，避免让它发霉腐烂，熏臭你的生活。

物品是这样，生活是这样，人生也是这样。

放下仇恨，就是拯救自己

人这一辈子，难免会遇到一些给自己带来伤痛的人，或许是昔日的恋人，或许是曾经的亲友，或许不过是擦肩而过的路人，无论对方是有意为之，还是无心伤害，你都无须苦大仇深地记恨。

一个心怀仇恨的人，内心总有一个心结打不开，最终苦了自己、害了自己。他们带着这份恨意生活，让生活陷入了黑暗，让心灵陷入了迷途。生活本已累，若在精神上还不懂得善待自己，给心灵放个假，那么只能让自己受苦。

生活中，我们难免会遇见敌人，有时，我们可以跟他们针锋相对，斗争到底；有时候也可以忽略对方，不与对方计较化敌为友。跟敌人怒目相视是容易的，而能够笑脸面对敌人，化解仇恨，却需要莫大的勇气。不过，一旦人们能够以一颗平常心豁达地与对方交流，就能够了解宽容带来的收获。有一位哲人曾经说过：仇恨永远无法化解仇恨，唯有爱才能彻底化解仇恨。

苏联作家叶夫图申科在《提前撰写的自传》中，讲过这样一个故事：

1944 年的冬天，刚从战争中挣脱出来的莫斯科显得十分萧条冷清，两万德国战俘排成纵队，慢慢地从莫斯科大街上依次穿过。

天空飘着鹅毛大雪，马路边上挤满了围观的群众。为了防止德军战俘遭受围观人群的攻击，苏军士兵与治安警察在战俘与围观者之间画出一道警戒线。

这些围观者来自莫斯科以及周边乡村，他们大多都是战争的直接受害者，这场战争夺去了他们亲人的性命，因此大多数人都眼神锋利地盯着这些战俘，恨不得将这些人千刀万剐。当德军俘虏从这些群众跟前经过的时候，他们全都攥紧了拳头。要不是苏军士兵与警察竭力阻拦，肯定有人会冲上去。

俘虏们低着头，心惊胆战地从围观群众的面前慢慢走过，生怕自己哪个举动不注意，引起了群众的愤怒。突然，一位穿着破旧衣服的老妇人，平静地走到一位警察跟前，请求对方允许自己走进警戒线看一看这些俘虏。警察见其面容慈祥，没什么恶意，于是就允许了她的请求。

老妇人蹒跚地走到一位年轻俘虏跟前，小心翼翼地从怀里掏出了一个包裹。慢慢打开，原来里面是一块面包。随即，她将面包递给了那个看起来疲惫不堪、拄着双拐的年轻俘虏。

这位俘虏看了看手中的面包，再看了看递给自己面包的老妇人，瞬间泪流满面。他扔掉了双拐，跪倒在地上，给眼前这位老妇人磕了几个响头。其他的战俘看到这个场景，也受到了感染，纷纷跪了下来，拼命向周围的人群磕头。于是，本来一触即发的紧张场面，一下子就变得无比温情。群众也被眼前的一幕感动了，那些攥紧的拳头最终都变成了温柔的爱抚，纷纷将面包、香烟等东西塞给了曾经的敌人。

故事以这样一句发人深思的话结尾："这位善良的妇女，刹那之间便用宽容化解了众人心中的仇恨，并把爱与和平播种进了所有人的心田。"

活在和平安稳的年代，我们大部分人都不会经历战乱失去亲人的悲痛。可是纵然没有大起大落，也总免不了会经历悲欢离合、利益纠纷。无论发生什么，都不需要太多愤怒与责难的针锋相对，有时善意的理解与宽容更能让其进行反省与改正。宽容不仅可以救赎别人，更能成全自己。

与人交往，退一步绝对能海阔天空，很多时候，当我们放下仇恨，收获的不仅是心灵上的解脱，更可能是来自对方的帮助。没有永远的敌人。如果我们主动伸出和解之手，化解彼此心中的疙瘩，我们可能就会减少一个敌人，而增加一个肝胆相照的好友。

人生苦短，何必总记挂着他人的过错？与其在仇恨的洞穴里哀叹，不如走出来去感受一下外面的阳光。心无敌人和怨怼，才能活出洒脱与安然。

明智的放弃胜过盲目的执着

一位哲学家曾经说过：“聪明的放弃是人生最难掌控的智慧。”在现实生活之中，人们渴望将所希望得到的都抓在手里，却不愿意把自己的东西放弃。其实，很多时候，人们之所以活得很纠结正是因为不懂放弃。

在理智面前，有时候放弃并不是一种懦弱或退缩，而是一种冷静和睿智、一种豁达和成熟。有舍才有得，这就是放弃之美。勇于放弃，才能让我们从纠结中解脱出来。

父亲给女儿带来了一则消息，某知名跨国公司正在招聘计算机专业的员工，薪水丰厚。女儿也觉得这是一个不可多得的机会，但是她现在正在接受一项培训，如果应聘成功了，也就意味着一年的培训就等于夭折了，可能连证书都拿不到，这让女儿十分纠结。

父亲看到女儿十分为难的样子，笑着说要跟女儿做个游戏。他将刚刚买来的两个大西瓜放在女儿面前，让女儿先抱起一个，然后让女儿把另一个也抱起来。女儿听到父亲的要求后，瞪圆了眼睛，开始苦恼起来。她抱一个已经觉得很勉强了，要抱两个的话恐怕必然有一个会被打碎。

“根本就不可能嘛！”女儿泄气地说道。

父亲接过女儿手中的西瓜，说：“你现在再试试看。”

女儿懵懵懂懂地把地上的西瓜抱了起来。父亲说：“这不就把另一个抱起来了吗？”女儿这才恍然大悟：“对啊，放下一个，才能抱起另外一个。”父亲说道：“这两个总得放弃一个，才能获得另外一个，就看你要如何抉择。”女儿最后选择了面试，并在面试成功之后，果断地放弃培训。

如果一个人执着于追求和获得，执着于所拥有的，那么他将一直在选择中纠结。想要取得成就，就必须根据自己的实际情况，放弃自己能力之外、精力不及的部分，放弃那些不切实际的目标。

当然，当你所追求的目标是切实可行，并已经看到曙光的时候，就不要轻易放弃，但是明知道成功无望的时候，就需要勇于放弃了，就像是谈恋爱一样，当你有两个选择的时候，你不能脚踏两条船，要勇于去选择适合你的那一个，不然你可能全部都失去。

当你勇于做出选择，并学会放弃的时候，你就发现适度地放下让你的心理走向了成熟。放弃其实也是另一种珍惜，是为了更好地守护或者得到，是另一种进取，绝不是三心二意。拿得起，也要放得下；反过来，放得下，才能拿得起。

测试 为了幸福你要放下什么

在岁月山河中，追求幸福看上去是个漫漫长路，但是当我们学会放下一些心中的“执念”，幸福就会快速展现在我们眼前。

1. 现在就开始存一些养老金，你觉得有必要吗？

A. 没必要

B. 有必要

2. 在新闻媒体上看到一些身患重病却无钱可医的人的消息，你的第一个念头就是？

A. 健康太重要了，一定要注意身体健康

B. 很同情，思考一下自己是否有可以帮他的地方

3. 出现在公众场合的时候，你会认真打扮自己吗？

A. 会

B. 不会太刻意去打扮

4. 你很享受自己被众人瞩目的感觉吗？

A. 是的

B. 并不喜欢

5. 你喜欢站在高层建筑里俯瞰下面的感觉吗？

A. 喜欢

B. 并不喜欢

6. 坐车或者开车的时候，你更倾向于去听一些节奏感比较强的音乐吗？

A. 是的

B. 不是

7. 你时常会因为一些小失误或者错误而懊恼很久吗？

A. 不是

B. 是的

8. 如果有人惹怒了你，你一定会教训对方一顿吗？

A. 会

B. 算了，没必要弄得太僵

9. 朋友一再请求让你帮忙照看一只你并不喜欢的宠物，你会愿意帮忙吗？

A. 不会

B. 应该会

10. 如果没人陪，可是有一部电影你很喜欢，你会自己一个人去看吗？

A. 会，既然没人陪就自己去看

B. 不太会，要么不看，要么等下次约到人再看

11. 对于不喜欢但是又不得不面对的人，你会

A. 不冷不热，甚至可能将自己的不耐烦直接表现出来

B. 就算不假装热情，也会应和着

测试规则说明：

A 得 1 分，B 得 0 分。

9~11 分是 A；7~8 分是 B；6 分是 C；5 分是 D；3~4 分是 E；0~2 分是 F。

测试结果分析：

A. 急切

你总是一副开朗热情、干劲十足、很有活力的样子。在敢作敢当和极富有感染力的背后，往往难以避开急切的心态，尤其是在事情陷入僵局之后，这份心烦气躁的情绪会更加强烈。正所谓凡事欲速则不达，放

下急切的脚步与心情，去迎接挑战与挫折，幸福将接踵而至。

B.贪婪

你的欲望太强，什么都想要，却不能坚持，是朝三暮四的人。欲望就是一个无底洞，难以填满，如果总是不知足，即便拥有再美好的事物也无法安心。去找到自己的幸福所在，朝三暮四只会让你总是处于失落的状态中。

C.苛刻

你的标准很高，不管是对己还是对人都是这样，因此你有着出色的领导才能和不错的事业。但是如果要求到了苛刻的程度，则容易让自己掉入完美主义的纠结中，给别人留下难以接近的印象。放下苛刻，不仅放过自己，也放过他人，有利于构建和谐的关系。

D.虚荣心

你是一个理想主义者，但是现实与理想往往存在着很大的差距。当你陷入困境的时候，如果你依然保持着自命不凡的高姿态，就算明知前面是万丈深渊，却仍然勇往直前，无疑只会让自己粉身碎骨。放下那份虚无的虚荣心与自尊心，去感受他人的祝福与关爱，收获幸福。

E.得失心

勤劳踏实会让你取得不错的成绩，但是如果得失心太重的话则会阻挠你的前进。得失心过重意味着你总处在担心害怕的恐惧之中，这种患得患失往往会让你忘记去享受幸福，停住追求幸福的脚步。我们要清楚，不是所有东西抓在手里都是好的，有时候失去也意味着另外一种得到。

F.过去

虽然你表面看上去与世无争且毫无烦恼，而心底却藏着很多不为人知的东西。每个人都有自己的故事，可你一直活在过去的阴霾里，跟过去纠缠不清。不妨放下过去，这样才能把握现在的幸福。

第三章

当自己知道为什么而活，就能忍受任何一种生活

尼采说：“一个人知道为什么而活，就可以忍受任何一种生活。”当你去专注一件事情的时候，就能屏蔽周围的一切纷扰，也就不会为一些无关紧要的事情而纠结了。

当你知道要去哪里，全世界都给你让路

二三十岁的年纪，大抵是人生中最美好的一段时光，不过也是最容易产生烦恼的一段时光。这个年龄段的人刚刚从“少年不识愁滋味”中觉醒过来，但是又因为没有那么多人生阅历，并不能很好地处理摆在自己面前的诸多问题。细数这段时期产生的烦恼，大多是与未来有关的。而与未来有关的烦恼中，迷茫占据了大多数。似乎在各个领域，总有一群人到了一定年纪被迫开始了一场人生竞赛；更糟糕的是，当开始起跑的时候，这些人常常还处于一片迷茫之中，不清楚目标，想要用力，却不知道该如何用力。

如果我们向成功人士询问这个问题，他们大多会告诉你：你需要一个清晰的目标，当你知道去哪儿了，那么也就什么都不怕了，只管朝着那个目标一路狂奔就好。

大多数成功者都是年纪轻轻就确立了自己的人生目标，并甘于为此付出汗水与努力，这样的人，往往并不会有太多的纠结与自我折磨。简单来讲，一个人越早清楚自己的目标，知道自己想要成为怎样的人，知道自己如何去达成自己的目标，就越容易摆脱迷茫。

不要担心自己会选错目标，选错目标调整过来就好了，总比原地不动强得多。

曾经听到过一个主持人的故事，我们姑且先叫他M吧。M在15岁

的时候，就阴错阳差地进了娱乐圈，二十岁出头的时候，与一起进入公司的小伙伴组成了一个偶像团体。在这个团队里，每个人都有自己的分工，擅长搞笑的负责搞笑，擅长唱歌的负责唱歌，擅长作曲的作曲，长相好又有演技的就负责演戏……大家都有自己主要负责的工作，用自己的闪光点去带动整个团队的发展。唯独 M 那时候特别迷茫，不知道如何去突出自己，也不太清楚自己要做什么才能为团队出力。在相当长一段时间里，他只能跟在团员后面，别人说了什么有趣的事情，他就负责重复或者附和。

时间一长，他也觉察出了自己的问题，大家都在一个劲往前冲，自己无论如何都不能成为扯后腿的那一个。于是他开始观察自己所在的团队，发现在做节目的时候缺少一个主持担当。有时候大家一起上节目，在回答一些问题的时候，常常会一起说话，讲起话来要么没有重点要么集体沉默，不管是哪种情况都是电视人的大忌，因此团队需要一个整合者和调控者。他决定自己去填补这个空白，做一个调节氛围和把控节奏的人。可能也正是因为知道了自己的定位，所以他加倍努力。

为了能够练习自己的主持与调控能力，他观看了无数个著名主持人的节目，将很多碟都看花了。他第一次为了调节现场气氛，动手拍了一下一个艺人前辈，当时所有人都震惊了，因为这在别人看来是一个极为大胆且不礼貌的行为，而事后前辈却很温柔地夸奖了他很会把握节奏。没人知道他拍下去的那一刻用了怎样的勇气，也没人发现他早已满头大汗，手在控制不住地发抖。人们只知道，从此之后拍嘉宾的头，成了他的招牌动作。慢慢地，他的主持能力越来越强，这也推动了团队的发展。通过十几年的努力，团队开始有了自己的冠名节目，从一个到三个，他也开始有了自己个人的节目，成为十几个节目的主持人。他准确地接话与吐槽，把控节目的能力被很多业内人士看好，观众一提到他首先就会想到这个人主持能力很强，是团队不可缺少的存在。

每个人都需要一个准确的自我定位，并清楚自己未来的方向。一个人只知道努力是不够的，如果努力的方向错了，不仅会前功尽弃，还会让自己在错误的方向里纠结不已，像是掉入了沼泽一般。

在寻找方向这个问题上，每个人都希望找到一个可以确保自己成功的目标、一条万无一失的能够通向成功的康庄大道。可是世上并没有这样的目标，也没有这样的路。当你找不到方向的时候，仔细询问下自己的内心，你到底要做什么，在确定之后就去行动，不要总站在原地犹豫不决，那样只会让你对自己确立的目标更加怀疑。这就像登山一样，当我们站在层峦叠嶂的山脚下徘徊不前的时候，如果敢于迈出一步，去登那个离自己最近也是最矮的山峰，当你成功登顶的时候，你就能够看到更多被遮蔽的山峰。那样，即便走错了路，也找到了方向，“徒劳”一番也是值得的。

也许我们不像一些人能有很高的起点，站不到巨人的肩膀上，但是只要能够成功定位自己，找到方向，就可以加速前进。永远不要用现在的心态与眼界来揣测自己的未来。不要担心你的目标不够完善与准确，人生本就是一个不断修正的过程，只要你迈开了步，你就能找到自己的方向。

不要让“如果”打扰你的选择

一个选择，一条路，一种人生。

大凡内心纠结的人都缺少一种对自己做出的选择的坚定性，他们在抉择里左思右想，很难做出决定。“如果选择了这个，会怎样？选择了那个，又会怎么样？”人们常常会陷入这种纠结之中。威廉·沃特说：“如果一个人永远徘徊于两件事之间，对自己先做哪一件事犹豫不决，他将会一件事都做不成。如果一个人原先做了决定，但在听到自己朋友的反对意见时犹豫动摇、举棋不定——在一种意见和另一种意见、这个计划和那个计划之间跳来跳去，像风标一样摇摆不定，每一阵微风都能影响他，那么，这样的人肯定是性格软弱、没有主见的人，他在任何事情上都只能一无所获，无论是举足轻重的大事还是微不足道的小事，概莫能外。”

其实越是优柔寡断，越容易得到一个并不怎么如意的结果。左右摇摆、犹豫不决的人，往往没有主见，而快速的决策和超常的胆量是成功人士必备的要素。

淮阴侯韩信的一生生动地诠释了优柔寡断带给人的害处。韩信一生英勇善战，攻无不克，却有一个缺点就是优柔寡断。在长达4年的楚汉之争期间，如若韩信既不从项羽也不属刘邦，壮大自己的实力的话，那么其实足可以跟二者形成三足鼎立之势。当时，他已经坐拥数十万大军，有足够的实力。

当时有个不起眼的人——蒯通。这个人虽然品性不佳，但是将天下局势看得十分透彻。他深知“天下权在信”，于是去拜见韩信，劝说韩信造反自立。韩信听了他的建议，开始游移不定，只说：“先生言之有理，容我权衡一下，再做决定。”这一考虑，就考虑了数日，蒯通原本以为韩信是个胸怀大志之人，没想到韩信竟然如此优柔寡断。后来，在蒯通的催促下，韩信才做了决定，觉得既然刘邦对自己如此信任，那么就不能背叛刘邦。他也相信刘邦必然不会亏待自己。

见韩信已做出决定，再劝无益，蒯通就离开了。

其实，如果当时听从了蒯通的建议，占据了天时、地利、人和等优势的韩信必然会有番大作为。可是因为他的不够果决，错失了这个良机。

既然已经决意要忠于刘邦了，那么就不应再有非分之想了。可是韩信在刘邦追杀项羽旧部钟离眜的时候，又收留了钟离眜，引起了刘邦的不满。如果当时韩信能够果断一点，跟钟离眜联手，不仅可以保护钟离眜，还能让自己在日后幸免于难。可惜，在这次抉择中，韩信再次犹豫不决，不仅失去了朋友，还让自己失去了刘邦的信任，丢了性命。

被处决的时候，他仰天长叹：“悔不听蒯通言，反被女人以计诛杀，呜呼哀哉！”

从韩信的故事里，我们不难明白，行事果决是多么重要。我们做事果决一点，可以让我们在形势突变的情况下，最快地分析局势，当机立断，适应不断改变的情况；而过于优柔寡断的话，在遇见突变情况时往往会束手无策、无所适从、左顾右盼，从而错失良机。

你的果决也许不是最完善的，可能会有所疏漏，但是你可以从中得到经验与益处，足以弥补因为疏漏带来的损失。更重要的是，当你最快做出决断的时候，会大大提升他人对你的信任度。

决断并不是武断，也不是妄断，果决是在客观事实的基础上而进行的，更多地体现的是一个人的魄力。

莎士比亚说：“我记得，当恺撒说‘做这个’时，就意味着事情已经做了。”乔治·艾略特则这样判断一个人：“等到事情有了确定的结果才肯做事的人，永远也无法做成大事。”

在生命中，很多时机是稍纵即逝的，正如宋末词人蒋捷在词中所写“流光容易把人抛，红了樱桃，绿了芭蕉”。人们只有果决行事，才能不把后悔留给时光，所以不要让“如果”打扰你的选择，既然决定了那就立刻、马上去做。

既然选择了远方，便不怕风雨兼程

“我不去想是否能够成功 / 既然选择了远方 / 便只顾风雨兼程 / 我不去想能否赢得爱情 / 既然钟情于玫瑰 / 就勇敢地吐露真诚 / 我不去想身后会不会袭来寒风冷雨 / 既然目标是地平线 / 留给世界的只能是背影 / 我不去想未来是平坦还是泥泞 / 只要热爱生命 / 一切，都在意料之中”是汪国真的一首诗，名为“热爱生命”。

有人在做完决定之后，总是会瞻前顾后，对自己的决定摇摆不定。实际上，既然做出了决定，那就应该不顾一切地去朝着自己的决定前行。哪怕受到诽谤，哪怕受到攻击，都应该对自己的决定抱有信心。

在美国历史上，苏珊·安东尼可以说是受到质疑声最多的人之一了。她是美国19世纪女权运动的领袖。有相当长一段时间，她被认为是一个年老色衰且寡言少语的空想社会改良家，只会憎恶男人，给社会添乱。

实际上，苏珊是一位颇有教养、迷人优雅又富有威严的女性。她像是一朵莲花，主动投身到了淤泥之中，跟那些粗俗、无礼且思想陈旧的男性打交道。

苏珊生活的19世纪，美国女人的状况并不乐观。女人被剥夺了权利，几乎成为男人的附属品，成为丈夫的私有财产，有些已婚女性甚至无权拥有自己的孩子。当然，更不必提政治选举权了。正所谓时代造就英雄，苏珊正是看到了女性这样的情况，举起了反对的大旗，为女性们争取权益。

她找到了自己生而为人的意义，那就是让女性获得尊严和地位以及崭新的自我。简单来讲，她想让女人成为自己命运的主宰者，而不是谁的附属品。

苏珊领导的运动必然会触发某些敏感的男权主义的男人们的愤怒。他们开始责难她，甚至对她进行人身攻击。可是苏珊已经做出了自己的选择，对于攻击，她表现得十分镇定，也许她早就料到了这些。

她是一名战士，用自己的沉着冷静去面对不知从哪里袭来的枪林弹雨。她周游了美国和欧洲，平均每年发表75至100次演讲。在女性权利被美国政府承认和合法化的过程中，她是重要领导者之一。

“失败是不可能的”是苏珊经常对一直坚持抗争的女孩们所讲的一句话。实际上，就像她所说的，只要你一直坚持下去，那么光明必然来临。在她去世十四年后，1920年8月26日，第十九条宪法修正案给予了女性投票权。

当苏珊离世的时候，有数万人前来悼念，对她表示敬意。世界各国的领导者都发出吊唁函。媒体称她为“美国的圣女贞德”。

正是因为坚信了自己的选择，苏珊屏蔽了心中的杂念，也获得了无穷无尽的力量。一个人一旦坚定了自己的选择，就找到了自己的使命，而一旦有了使命，那么就能够无坚不摧。当使命与自己的内心结合起来，就不会屈从于世俗的压力与偏见，不会盲目寻求别人的接纳与肯定。

生命是脆弱而短暂的，但也是坚强而永恒的。获得洒脱不纠结的人，往往一旦做出选择，就会把自己的全部精力投入到自己的选择中去，让自己像个凸透镜一样将所有的光都聚在一起，让自己像火一样可以点燃纸张，如此才能无怨无悔。

不要因别人的建议，屏蔽了自己内心的声音

在人的一生中，我们会面对很多建议，有些建议可以让我们扫平障碍，有些则会把我们引入歧途。到底该不该去倾听别人的建议，关键在于这些建议能不能与你的内心产生共鸣。你不要因为别人的建议，而忘记聆听自己内心的声音。

美国诗人罗伯特·弗罗斯特凭借着《我的蝴蝶：一首哀歌》这首诗，走到了大众跟前。他收获了很多正面的评价。一个人在读了这首诗之后，毛遂自荐要来当他的文学顾问。随后，这个“顾问”就对年轻的罗伯特·弗罗斯特提出了建议，让他采用“更为高尚”的语气写诗，他认为弗罗斯特的诗太过口语化了。

经过了一番考虑，弗罗斯特并没有听从对方的建议，因为他发现口

语化的形式正是自己直言真理、直言诗歌本身的方式。实际上，他正是通过这种口语化的方式来将自己心底的声音毫无保留地传达出来。显然，建议是一个误导，不过这种荒唐的建议也有一定的作用，它能够让弗罗斯特认真地去思考这样一个问题,然后更加清楚地聆听自己内心的声音。他说："过去我以为自己已经足够了解自我了，但是，这位老先生的建议确实从反面让我对自己有了更深层次的了解。"在弗罗斯特看来，"更加高尚"等建议，是因为对方嫌弃自己的诗歌太过平庸，不过现在，他清楚地认识到了这种平庸正是自己诗歌的生命。弄明白这一点之后，他决定继续保持自己的创作风格，并做出了一生中最重要的一个决定：当一个农民。随即，他在新罕布什尔州的德里买下了一个农场。亲人和好友都对他的这个决定表示不能接受，但是事实证明，这是一个特别明智的天才之举。

传记作家杰伊·帕里尼曾经将这个农场描绘为诗人的诗歌酒窖："不管从房子的哪个角度看出去，风景都很迷人。穿过东面的随风起伏的甘草地，你可以看到一片大大的林子，里面有枫树、橡树以及山毛榉。南面则挺拔地站立着赤杨木，遮挡了发端于牧场泉水的一条流向西面的小溪。附近还有一块蔓越橘沼泽地。谷仓旁边长满了成片的覆盆子和黑莓，附近还有一块大大的菜园子，整园的蔬菜已经可以吃了。越过谷仓还有块很大的空地，可以搭些鸡笼。"

在之后的十年时光里，弗罗斯特一直过着桃花源般的生活。白天，他的身边充满了能够激发灵感的素材；到了晚上，当周围的一切都归于沉寂之后，他便开始在厨房写诗。后来，弗罗斯特说："在这段时期，我的眼睛、我的耳朵，都清明了，很是清明。"

在德里定居的十一年间，尽管弗罗斯特不被人理解，他的才情却像春天的麦子一样悄悄迸发出来。此后的大半生中，他的创作灵感都是从这段生活中所汲取的。他曾坦言："一切始于德里，所有的一切。"

每个人都会遇到这样的抉择，如果忘记初心，迷失了方向，那么人就会失去灵魂，成为行尸走肉。

当你认清了自我，才能在正确的道路上高歌猛进，不管别人怎么说或者提出了怎样的建议，都能够找到正确的方向去前行。事业也好，学业也罢，抑或是婚姻，所有的一切都可能会遭到四面八方的质疑，我们要做的是能够穿透这些质疑，聆听内心的声音。

当我们面对一件不得不去做的事情的时候，我们应该引导自己的意识进入到一种痴狂的状态，让原本平凡的自我为充满斗志的自我服务，让原本怯懦的灵魂表现出锋利与坚强。

别把宝贵的注意力交给对手

人，是一种极其容易被他人所干扰的动物，常常会处于一种“树欲静而风不止”的状态之中。社会这口大熔炉，将你我都烧得沸腾、喧嚣起来，让人们不知不觉被他人所扰。

王森是一个公司的中层领导，有一次，他需要前往长沙出席公司举办的展会。公司给他订了当天晚上的机票，以便让他可以参加第二天的开幕式。当时的起飞时间定为8:20。到了7:50的时候，还没有登机的消息。几分钟之后，登机处出现了骚动，原来飞机在检查时出现了故障，暂时无法起飞。

任由空姐怎么解释，人群一直都无法安静下来，还出现了不少污言秽语，有些人大声吵闹着必须今天起飞。空姐对此也无能为力，只好不断解释，说现在还没有收到取消航班的消息，让大家再等一等。一个穿得十分华丽的女士，忽然嚷道：“我今天必须走，我不管，你们必须要想办法，我明天可是要出席重要的会议的。”另一个人仿佛找到了战友，也提高了八度说：“我今天必须到长沙转机，你这边耽误了，长沙的航班可不等人。”接着，大厅就乱成了一锅粥。

站在这些人中间的王淼则显得十分安静并且冷静，他径直朝空姐走过去，只问了空姐一个问题：“今天还有没有去长沙的航班？”

混乱中，空姐回答说：“有”。

王淼随即迈着步伐离开了混乱的现场，走出安检，快速改签了机票。当王淼再次通过安检的时候，发现“大部队”还在那里叫骂着，而王淼没过多久就坐上了飞往长沙的航班。

在很多时候，我们把太多的精力放在了毫无意义的事情上。生活中，总有一些人为了一时解气忘记了自己的目标，后来愤怒之火烧得越来越旺，他却离目标越来越远。

小时候，我们都做过这样的游戏：在不同的彩色纸上写上与纸的颜色不同的字，比如在黄色的纸上写上“红色”，在蓝色的纸上，写上“紫色”，然后让人去说这张纸是什么颜色。很多人在这个游戏中会被纸上的字所干扰，说错答案。

这个游戏像极了我们的生活。很多时候，我们都没有把眼睛盯紧目标，而是把关注点放在了干扰我们的事情上，为一些没必要的事情而纠结，忘记了自己的初衷。

我们在社会上，难免会遇到一些事情，让你觉得愤愤不平，让你觉得委屈，让你不安，有时是被人骚扰，有时是有人说你坏话，有时是因为压力大，但是不管遇到什么，我们都应当知道，自己要做的是什么。

我们在纠结、不安、焦虑、愤怒、抱怨的时候，不妨去看清这件事情的本质。我们不能让一些无意义的事情占据自己的全部，丢了本来的目标。

生活中会出现很多对手，紧盯着目标才是最佳的解决方法，不要把注意力放在那些干扰你的“苍蝇”身上，少些抱怨，多些妥协，紧盯着目标，才能最快地抵达终点。

测试 你努力的方向对吗

1. 吃饭的时候，如果电话响了，你会

马上去接——2

响三声之后再去接——3

不去接——4

2. 你是一个总在“报喜不报忧”的人吗?

不是——3

有一点——4

是的——5

3. 你喜欢头发粗一点儿，还是细一点儿?

细一点——4

无所谓——5

粗一点——6

4. 以下哪种零食会让你觉得有恋爱的甜蜜感?

甜筒——5

羊肉串——6

甜甜圈——7

5. 你喜欢到健身房去健身吗?

不喜欢——6

很喜欢——7

一般——8

6. 你有过写小说的经历吗?

有，不过只写过一个——7

有，写过不少——8

没有——9

7. 如果结婚了，你会马上要小孩吗?

会——8

不确定——9

不会——10

8.你喜欢做水果拼盘吗?

还可以——9

不喜欢——10

很喜欢，好玩又好吃——11

9.睡觉的时候，你习惯有一个台灯亮着吗?

喜欢——10

还好——11

不喜欢——12

10.下雨的时候，最让你觉得不开心的事情是

要打伞——11

鞋子容易进水——12

裤子容易沾上泥巴——C

11.如果通过努力完成了一件自己的心愿,你会去吃大餐来犒赏自己吗?

当然——12

不确定——A

不会——B

12.你喜欢在读完一本书后做下面哪件事?

做运动——C

打扫卫生——A

吃个水果——B

测试结果分析:

A.方向正确指数★★★

你相信只要付出就一定会有回报，因此从一开始就拼尽全力埋头苦干，但是付出与收获往往不成正比，你努力半天所取得的成果往往并没

有预料中那么好，这让你很纠结。其实兴趣才是最好的老师，只为了一些利益却选择了不感兴趣的行业，一味地付出往往会让你在潜意识里反感这个工作，因此一直压抑着自己，得不到放松，更不知如何倾诉。这种并不快乐的努力方向从长远来看并不可取，收益往往都只是暂时的。不要总是自顾自地去努力，在努力的同时不妨多看看周围人是怎么做的，询问下自己，现在做的是否是自己喜欢的，为兴趣而努力，往往更容易获得成功。

B.方向正确指数★★

其实你是一个很有学习能力的人，你对别人的信任甚至超过了自己，这也造成你努力的方向与预定的轨道有所偏离。学习别人的成功经验，却不知道如何根据自己的实际情况进行调整；总是照搬别人的经验，却不明白有时候要根据实际情况进行调整。适合自己的成功经验需要自己去摸索，只有适时调整才能避开原本的错误，找到适合自己的方向，正所谓“尽信书则不如无书”。你应该更加自信一些，去了解自己，在摸索中失败了也不要紧，至少你吸取了自己的失败经验，有利于你更快地摸索出自己的模式，找到自己的一片天空。

C.方向正确指数★

你天生有着天马行空的想象力，在生活中也总能想到别人所想不到的，但是在工作上，或者说积累财富的这条路上，你努力的方向往往有所偏离。你的想法确实十分新颖，而且具有可行性，但是你过于眼高手低，学习的基本功不够扎实，因此总会让别人抢占先机，而且你有些好高骛远，总想要获得巨大的成功，却忽略了小成绩，殊不知大成功都是从小成绩一点点积累起来的。在努力的时候，不妨多点耐心，让自己脚踏实地去干，有想法就去做，不要总是把事情停留在想法阶段。抓住自己的灵感并付出努力，说不定会有意外的惊喜。

第四章 丢下错误的追求，应明白世间的好处不能独得

人们之所以纠结，一方面是因为自己定错了目标，一方面是因为自己太过贪心。当我们对事事都追求，对事事都不满足的时候，纠结便会找上门。

只有不在乎名望的人，才能获得名望

世上有太多人们求而不得的东西，名望大抵占了其中重要的一部分。不可否认，名望是一个极其诱人的东西，就像是一个刚出炉的蛋糕，散发着诱人的香气，让人忍不住想要。每个人都希望能够在时光的隧道里，留下自己的痕迹，让人尊敬，受人敬仰，不求惊天动地，至少也要活出个动静来。不过，很多人在追求名望的时候犯了一个错，他们任由自己去追求，却不懂得给自己设定底线，因此只有少数人能从其中跋涉出来，走向宽阔大道。有些人皓首穷经，却总是过不了这个关口。

名望其实就像是手中的沙，你越想抓紧它，它从手缝中溜得越快。把名望看得过重的人，永远蠢蠢欲动，习惯性地以自己的想法为主线，慢慢生出无穷无尽的不安来。

英国著名诗人济慈出生于伦敦的一个普通的工薪家庭。

跟很多年轻人一样，济慈渴望一夜成名，他的目标是想成为莎士比亚那样的诗人。即便他确实才华横溢，但是由于成名的欲望太过强烈，让他饱受煎熬，开始变得焦虑，无法专心去研究自己的诗歌。创作质量并不高。

成名的欲望让济慈做出一个疯狂的举动——挑战当时著名的诗人雪莱。他们进行了一场赌局，比赛写长篇叙事诗，要求整整4000行，前提条件是，必须在6个月内完成。

在济慈开始了这场比赛之后，他把自己逼进了一种绝望之中，迫切地想要赢得比赛。结果越是想要赢，越是找不到写诗的灵感，他的才思仿佛已经被欲望的大火烧得一干二净。

不过就像凤凰涅槃一样，也正是因为这种绝望，让济慈看清了自己，看清了欲望。他终于认识自己对成功的渴望已经降低了作品的质量，同时这种渴望还给他带来了分裂与焦虑。济慈逐渐学会了放下对名望的追求。他后来说："世界这般需要痛苦与麻烦，来练就一份智慧，将之锻造为灵魂。世间即一所学校，人心在其间用上千种不同的方式体会和受伤。"

他逐渐意识到，真正的成就并不是获得别人的认可，而是尽量去展现自己最好的一面。

随着济慈心中的欲望之火渐渐熄灭，他变得平和淡定起来。他不再去疯狂地追求成功，而是开始追求自然成长。在放下了对名望的追求之后，他才思泉涌，创作了很多优秀的诗篇。他在一首诗中写道："只有不在乎名望的人才能得到名望。"

也许很多人依然惦记着他跟雪莱的那场比赛，不过作为参赛者的济慈已然并不关心结果了。其实，也正是因为这样的领悟，让他成为一名伟大的诗人。

他的墓碑上写着："此地长眠者，声名水上书。"

当我们特别纠结于自己的名望的时候，就会被名望所束缚。

有时，人们总是叫喊着克服困难、迎接挑战的口号，体现着英雄一般超越自我的"悲壮"。但是生活从来不是电影，我们也不是演员，没必要为了所谓的"剧情需要"而去演绎一个过于惊天动地的自己，很多时候，我们总是人为地把本来简单的事情"演绎"得复杂了。在有所不为的选择过程中，量力而为，恰到好处，就能使我们生活得更加自由；

专注于顺利的事情上，内心便渐渐地不再有纷争。以最简单的方式行驶出的轨迹便会显得是那样优雅而洒脱。

不妨先把名望放在一边，去尽自己最大的努力做好眼前的事情。日月山河，当你的能力慢慢沉淀，总有一些东西会在时光中发酵，像酒一样散发出迷人的香气，到那时即便你不提，也总有人会记得你。

为身外之物太烦心，不值得

“世味浓，不求忙而忙自至。”所谓“世味”指的就是尘世烟波中，人们趋之若鹜的东西，比如物质、社会地位、名声、时尚等。人们将大把时间都花在了追求这些事物上面，却忽略了很多身边的风景，让自己变得世俗，也被世俗所扰。

南方的一个小镇有一个杂货铺，店主是一个七八十岁的老掌柜。老掌柜经营店铺的方式很传统，他通常会悠闲地坐在门口，沏一壶茶，旁边放个小收音机，将货物摆在门外，既不吆喝，也不跟顾客讨价还价，甚至晚上都不收摊。对于目前的生活，老掌柜觉得很自在，十分满足。

一位古董商人的到来打破了老掌柜原本平静如水的生活。这个古董商人从老街上经过的时候，偶然间看到了老掌柜身边的那把经常泡茶用的紫砂壶。他留意到这把紫砂壶色泽紫黑如墨，造型古朴雅致，有着清朝制壶名家戴振公的神韵。他走上前去，仔细一端详，发现壶上确实留有戴振公的印章，商人惊喜不已。要知道戴振公素有“捏泥成金”的美誉，据说他的作品现今只有三件，一件珍藏在美国纽约州立博物馆里，一件收藏在中山博物院，还有一件在泰国的一位华侨手上。

商人如获至宝，打算以15万元的价格买下这把紫砂壶，当他说出这个数字的时候，老掌柜先是一惊，然后又拒绝了。

商人只得失落地离开了，可是老掌柜的烦恼却开始了。虽然壶没有卖成，但是商人走后，老掌柜失眠了。这把看起来平凡无奇的紫砂壶，他用了大半生，并且一直以为就是一把普普通通的壶，如今竟然有人愿意花15万元的高价买下它，这让他难以接受。

过去他总是躺在椅子上喝水，闭着眼睛就把壶放在小桌子上，如今知道这把壶这么值钱，在放的时候总是小心翼翼的，生怕一不小心打碎了，每天都提心吊胆的。更让他无法忍受的是，当周围的人知道这个消息之后，纷纷过来打探，询问他有没有其他值钱的宝贝，还有些人开始向他借钱。他的生活彻底乱了。

当那位商人再次拿着20万巨款登门拜访的时候，老掌柜再也忍受不了了。他把周围的邻居和亲戚都召集过来，当着众人的面将这个紫砂壶摔在了地上。

此后，老掌柜再次过上了以前那种平静的生活。

对于真正懂得生活的人来说，任何不必需的东西都是多余的。老掌柜对现在平静的生活已经知足了，太多的钱只会徒增他的烦恼。

把过多的心思放在身外之物上的时候，往往会迷失自己。如今这个社会，能够像老掌柜一样冷静而坦然面对身边名利或者财富的人少之又少，因为一般人都难以在心理上达到平衡。

法国作家罗曼·罗兰曾经说过：“一个人快乐与否，绝不依据获得了或是丧失了什么，而只在于自身感觉怎样。”是的，抛弃对身外物的贪欲，去寻找生活的那些风景，往往会让我们的心灵更加平静。

有些东西看透了，就知道了其中的奥妙。人们总会习惯用金钱来衡量一个东西的价值，但是有很多东西是金钱衡量不了的，比如健康，比如快乐，比如安心。忘记加在东西上的价值也许你能够活得更坦然、更洒脱。

盲目攀比会偷走我们的快乐，并带来忧愁

人天生就喜欢比较，即使有些比较是毫无意义的，但是依然有很多人会在这种游戏里乐此不疲。

当然,其中也不乏有些人是不情愿的,他们有时不过是被现实推着走,比如在公司，发现同事谈成了一笔订单，难免会觉得不淡定；你把自己的文案交给上司，上司看了一眼叹了口气，说你的文案水平太差，于是给了你几个周围同事的文案让你参考学习，这时难免会感到才华受到了碾压……

我们都活在凡尘中，没有那么多的领悟力，因此我们习惯了通过比较给自己打分。美国社会心理学家费斯丁格在1950年代就提出了“社会比较”的概念。他告诉人们，我们都是通过跟别人进行比较来获得自我评估的，而且当我们跟他人比较的时候，会产生向上的驱动力。当我们能清楚地知道“我和那个别人家的还差多少”的时候，我们就知道该怎么努力了。可是人们忽略了，费斯丁格以及其他的心理学家还说过，不恰当的比较只会让自己陷入脆弱、嫉妒的境地。

有个叫道岫的学僧一心向佛，但是苦修了十几年一直没有悟出什么禅理来，看着比自己来得晚的师弟们纷纷出师，自己却没多大进步，道

岫不由得心急如焚。他觉得继续这样下去，不会有什么结果，于是就准备远行。临走的时候，他去向广圄禅师辞行。

道岫说："师父，学僧辜负了您的教导。自从皈依在您座下，习禅已有十年之久，但却始终悟不出一点东西来。我想，我实在不是一块修禅的料。因此，想到四处云游，特来向您老人家辞行。"

广圄禅师听后，十分不解："哦！为什么没有觉悟就要走呢？难道在这里觉悟不出来，到别处就可以觉悟了吗？"

道岫诚恳地再禀告道："我整日都在修禅，但是这么用功依然没能开悟，可能是我跟禅无缘吧。看着师弟们相继出师，我觉得很难受。"

广圄禅师听后，开解说："悟是一种内在本性的流露，无法形容，也无法传达给他人，更是学不来也急不得的。别人是别人的境界，你修你的禅道。这是两回事儿，为何要混为一谈呢？"

道岫辩解说："师父，您有所不知，我跟师弟们一比较，就像是麻雀见了大鹏鸟，十分惭愧。"

广圄禅师装着不解似的又问道："大鹏鸟怎样大？小麻雀又怎样小呢？"

道岫答道："大鹏鸟一张开翅膀，就能飞几百里，而我只能困于方圆几丈罢了，无论怎样努力，也是难以飞跃几百里的。"

听了他的话，广圄禅师意味深长地说道："大鹏鸟一展翅就能飞出几百里，它能不能飞越生死界限呢？它能不能轻易地站在树枝上呢？"

道岫听完，若有所悟，将自己的行李收了起来，再也不提云游的事情了。

事实的确如此，很少有人留意自己所拥有的，却总是羡慕那些不属于自己的东西。长此以往，哪怕你拥有了最好的家庭、最好的事业、最好的生活，你也无法感受到快乐，人生最大的悲哀莫过于此。

人应该学会正视自己，学会自我开释。不要总是以自己的想法为主线，不妨从自己的角色中跳出，这时你就不难发现，其实你总挂在心上的那件事，并没有自己想的那么严重。那些不安焦虑、脆弱多疑、混淆是非，大多数是自己滋生出来的。不要因为别人而打乱了自己的阵脚，你可以比较的人只有一个，那就是你自己。我们真正在意的应当是如何让自己摆脱盲目攀比、自我折磨的困扰。

知足的你比任何人都富有

常常有人抱怨活着太累，做人有太多烦恼。人的欲望是无穷无尽的，让我们想入非非的东西太多，欲望不断地撩动着我们的心弦。如你陷入其中，成为一个不知足的人，即便你能拥有很多东西，但是你眼睛盯着的永远是得不到的东西。

人们的欲望像个无底洞，无穷无尽，而生活能够满足我们的东西却又是十分有限的。因为欲望太多，很多人虽然每天生活得无忧无虑，但是体会不到快乐，人生的烦恼有相当一部分是因为不知足引起的。

人们争着争着，就把快乐争没了。权力和金钱争到了手，幸福不见了；名声争到手了，快乐不见了；非分的东西争到手了，心安不见了。也就是说，当你绞尽脑汁去争抢的时候，有可能得到的只是暂时的满足与刹不住车的烦恼与痛苦。

人要学会知足，当你知足了，你就会重新去审视自己身边的风景，去感受世界的美好。这个世界不会厚此薄彼，只有被欲望迷乱了的人心中，才一定要分出尊卑高下。知足，是一个人最高的境界。

英国诗人兰德写过一首诗："我和谁都不争，和谁争我都不屑；我爱大自然，其次就是艺术；我双手烤着生命之火取暖；火萎了，我也准备走了。"

功成名就的设计师打算去参加一个同学聚会，在此之前，她狠下了一番功夫。买了新衣服，做好了造型，折腾了好几天。她想着，毕业了这么多年，不管怎样也不能让自己在同学面前丢面子。同学会，说白了，就是一场虚荣心的攀比会。

她到了约定的地方，果不其然，大家个个都收拾得光鲜亮丽。只有她的同桌清显得那么寒酸。一件看起来穿了很久的衣服，头发简单地束在后面，普通得不能再普通，平凡得不能再平凡，像是一个没有玻璃鞋的灰姑娘闯入了王子的宴会。

她好像丝毫都没有察觉周围异样的眼光。设计师知道她的情况，她在卖衣服，丈夫生了一场大病，现在休养在家，公公婆婆年岁大了，也帮不上什么忙，全家人都靠她一个人在支撑。

聚会上，人们都在抱怨，抱怨房价太高，抱怨上司太苛刻，抱怨老公不够体贴……只有她，一个人静静地笑着，不附和也不反对。在座的人虽然抱怨连连但心里都自认为比她过得幸福，因此到了最后都齐刷刷地看向她，像是在同情街边的乞丐一样，用一种俯视的态度询问她："你一定很苦吧，没关系，说出来，能帮的我们就帮帮。"

她有些错愕，看了看周围，说："我挺好的呀！你们为什么会认为我过得不好呢？我虽然在卖衣服，但是卖衣服不用去看老板的眼色。孩子很懂事，我爱人的身体也越来越好了，他的病情幸好发现得早，不然就没命了，如今他还待在我身边，这多好啊！还有，你们看，我也算个'迷你企业'的老板，随时都能过来参加同学会，我又能看到大家了，多高兴！"说完她不停地叫大家吃菜，说这么好的菜吃不完就可惜了。

所有人在听完她的一番话之后就惊呆了。人们原以为她会像祥林嫂一样诉着苦，抱怨上天对她是多么不公平，但她非但没有，还感谢生活赐予的一切。

"你幸福吗？"这曾是央视进行街头采访调查的一句话。什么是幸福呢？有些人认为有了金钱，有了房子，有了车子，有了权力的人就一定会幸福。事实真的是这样吗？显然不是。世界上虽然有幸福感指数的调查，但是评价一个人幸不幸福是很难用这些客观的东西来断定的。从广义上来讲，只要这个人感到幸福，他就是幸福的。

诺贝尔曾说："知足是唯一真正的财富。"可是大部分人反其道而行，错误地将欲望的满足当成了幸福。

知足的人总能从苦涩中品尝出甘甜来，就像是一个品味咖啡的人，能够感受出其中的好。世界上没有几个人能够做到惊天动地，也没几个人富可敌国，就算他们真的做了惊天动地的事，有了可敌国的财富，那么幸福也不一定会去眷顾他。幸福没有标准，只有感受，当你试着去感受所拥有的，忘记那份不能拥有的，你就能享受幸福。

不切实际的期待，只会让你举步维艰

当我们对一件事情过于期待的时候，它往往会呈现与期待截然相反的结果。你越是期待，就越容易为结果的不如意而纠结不已，当理想无法照进现实的时候，就容易让自己陷入一种低落情绪之中。

正所谓期望越大，失望越大。有时候正是期待造就了你的现状，它们在不知不觉中改变了你的生活，不管是情绪上还是生理上。你必须格外留意，格外注意自己所怀有的错误期待让你的生活产生不必要的困扰。对于下面的期待，它们可能会成为你的"麻烦制造机"。

1. 生活要公平

每个人都对生活的公平性抱有幻想，但是我们必须要认清这个现实，生活本身就是不公平的。大多数人总是下意识地期待生活公平，我们相信我们所经历的不公平无论怎样都会抵消，就算我们对此一无所知，还是会抱有这样的期待。如果你在这种想法中沉迷，那么最好尽快将它抛弃，当一些不公平的事情发生时，不要过度期待外力能够帮助自己恢复。问题从来不会自动消失，当你发现问题的时候，首先应该是去想应对的方法。社会本就是残酷的，但也是合理的。

2. 机会会自动降临

正所谓“天助自助者”，上天从来不会自动降下机会给你。只有你值得了，你才能得到这种机会。就算是买彩票，也必须先付诸买彩票的行为，才有了中大奖的可能。机会只留给有准备的人，一个人能做的最重要的事情就是伸长脖子寻找时机。在生活中，当你觉得怀才不遇或者受人冷落的时候，不妨想想自己要采取怎样的行为才能化解现状，提升自己的能力。不然就算机会摆在你面前，你也没有能力承接，只能眼睁睁地看着机会溜走。

3. 所有人都喜欢我

也许你是一个正派、乐观、和善，值得让人尊敬的人，但是这些品质并不能说明你能够得到所有人的喜欢。每个人都有自己的评定标准、交友准则，所以当你发现并不是所有人都喜欢你的时候，你也不用为之困扰。不要要求所有人都喜欢你，就算是再著名的演员，再让人敬仰的贤者，他们都不敢有这样的奢望，更何况是你呢?

4. 所有人都认可我

这个世上的是非曲直往往并没有一个明显的界定标准，因此做到这一点是不可能的。当然，当你清楚自己在说什么的时候，人们会认真对待你，但是不要期待别人一定会认可你。一些事情站在你的立场是合理的，站在他人的立场或许就不是合理的，所以不要总是要求别人站在你这一边。就像是爱不爱吃香菜一样，喜欢的人有他喜欢的理由，不喜欢的人也有他不喜欢的理由，没必要让人全都做出相同的选择。别人有着与你不同的期待、不同的安排，所以，别人不认同你的时候，你就不要觉得这是冒犯了，也别假设只有你的答案对了。去关注一下你应该怎样解决问题，给他人所需吧。

5. 别人都明白我的意思

不是所有人都是读心神探，有些事情你不说，别人也无法明白，沟通是很有必要的。如果你想要让别人做事，那就必须去告知对方要做的事情的内容，不然对方永远不会明白。

6. 我要失败了

墨菲定律中提道："如果你担心某种情况发生，那么它就更有可能发生。"如果你认为自己会失败，那么失败的概率也会增大。我们要明白，失败只是暂时的，只要你能从失败中吸取教训，并不断努力，就有更大的概率成功。如果总陷入失败的担忧中，那么成功的概率就会减小。

7. 我能让他／她改变

世上你真正可以改变的人只有一个，那就是你自己。就算是改变自己，也需要我们付出很多的努力。不要想去操控别人，也不要想去改造别人，你能做的只是去感染对方。

要相信自己会成功，那么你就会有很大可能取得成功。这也意味着你要放弃错误的期待，它们只会挡你的道儿。

永远怀着一颗质朴的心，不要去做那些太过天真的梦，去怀揣不切实际的期待。当你脚踏实地，从真实出发的时候，就懂得了生活，也会去感受生活给予你的好。也许人生必将经历风雨，但心里要一直盼着彩虹。

测试

看看你的虚荣心是什么程度

1. 你常常会在商店的橱窗前停留欣赏自己的身姿吗？

A. 是的　　B. 不是

2. 你曾经做过整形手术吗？

A. 是的　　B. 不是

3. 你曾经有过做整形手术的念头吗？

A. 是的　　B. 不是

4. 你定期花钱美甲吗？

A. 是的　　B. 不是

5. 你很喜欢欣赏自己的照片吗？

A. 是的　　B. 不是

6. 度假归来的时候，你会向别人展示你在当地买的纪念品吗？

A. 是的　　B. 不是

7. 你在衣着打扮上很讲究？

A. 是的　　B. 不是

8. 你每天梳头往往会超过三次吗？

A. 是的　　B. 不是

9. 你喜欢身上戴很多首饰吗？

A. 是的　　B. 不是

10. 你在选择手提箱的时候会偏爱名牌吗？

A. 是的　　B. 不是

11. 在选择衣服的时候，也会偏爱名牌吗？

A. 是的　　B. 不是

12. 跟一个衣着邋遢的朋友走在路上，你会感到无所适从吗？

A. 是的　　　　B. 不是

13. 你希望自己能够拥有一些头衔吗？

A. 是的　　　　B. 不是

14. 你在打扮与保养上的花销会超过预算吗？

A. 是的　　　　B. 不是

15. 你特别喜欢照相吗？

A. 是的　　　　B. 不是

测试规则说明：

每题选择“A”记 1 分，选择“B”不记分。将各题得分相加，算出总分。

测试结果分析：

分数在 10~15 之间

你是一个很有虚荣心的人。你很在意自己的外表，尤其是在他人面前时，你会时刻注意自己的仪容，希望自己能够给对方留下绝佳的印象。

分数在 4~9 之间

有一些虚荣心，不过还不算很严重。也许你会比较在意自己给别人留下的印象，但是依然觉得人生有很多事情比外表更加重要。

分数在 0~3 之间

可以说你毫无虚荣心，即便有些虚荣心的人觉得你太不修边幅了，你依然毫不在乎，你总是把注意力放在重要的事情上，不愿意花太多的时间和金钱在外表上。

第五章 纠结的本质就是想得多而做得少

只有行动才能产生诸多可能性，才能找到对的方向。而躺在原地冥想，除了纠结，一无所获。

再短的路，不迈开脚步永远无法抵达

对于未来，很多人都有自己的规划，但却不是所有人都能够按照规划行事，常常有人的规划到了最后，成为一场空想，一事无成。究其原因在于，他们想得太多，而行动太少。一个人不能没有想法，但是如果想法太多，就会让自己被想法所扰，很难下决定。

失败者往往都有做白日梦的坏习惯，将现实与自己的臆想混为一谈。做一件事，只停留在了想的阶段，而不去尝试，不去坚持。

西尔维亚，美国波士顿的一个普通女孩，她有一个不错的家庭——父亲是著名的整形外科医生，而母亲则在一所有着很高声誉的大学担任教授。

从中学开始，西尔维娅就想要成为当地电视台的主持人。她觉得自己有这方面的天赋，因为她很善于与人相处，她常说："如果有人愿意给我一个当电视主持人的机会，我觉得自己一定能够成功。"

那么为了实现这个梦想，她做了什么呢？没有，她没有做任何事。她相信奇迹有一天会降临在自己头上，但是过了很多年，任何奇迹都没有发生。

没有电视台愿意去请一个毫无经验的人去当主持人，电视台的工作人员也没空像星探一样四处转悠。

一个名叫辛迪的女孩却实现了西尔维亚的梦想，成为著名的电视节目主持人。辛迪认为“天下没有免费的午餐”，一切的成功都要靠自己去努力争取。她没有西尔维亚那样不错的经济后盾，只好白天去打工，晚上去上夜校，提升自己的能力。毕业之后，她拿着自己的简历，跑了很多的广播电台和电视台，不过得到的回复都是：“我们要招聘的是经验丰富的人，而不是没有一点儿经验的新人。”不过，她并没有退缩，因为在她看来，所有经验丰富的人，都是从毫无经验的新人开始的。她不断阅读广播电视方面的杂志，终于发现了一则招聘广告：北达科他州有一家很小的电视台招聘一名预报天气的女孩子。

辛迪是加州人，不喜欢北方。不过这些都不重要，她想去试一试，所以她没带一丝犹豫就动身前往北达科他州。在那里，她得到了两年的工作机会，后来凭借着这段工作经验，她在洛杉矶的一家电视台找到了一份工作。又过了几年，她得到了提拔，成为一档节目的主持人。

汪国真曾言：“没有比脚更长的路。”只要迈开了脚步，不管多远的路都能抵达；而不迈开脚步，再短的路也永远无法抵达。喊出来的口号，如果不能落实到实际行动中，一切都不过是废话。

有些人每天都有无数的梦想、有惊人的创意、新奇的策划……但是能够实现的却寥寥无几。他们这些梦想、创意、策划就像是一粒种子，如若不让它落地，并精心浇灌的话，就永远发不了芽，更别提开花结果了。

要学会自信而理性地去冒险

“在胆小怕事和优柔寡断的人眼中，一切事情都是不可能办到的，因为乍看上去似乎如此。”英国历史小说家和诗人司各特如是说。

胆小怕事的人往往会在机会面前纠结不已，会去预测各种可能发生的糟糕情况，虽然这些情况发生的概率微乎其微，但是他们会去扩大这些概率，把自己设定为那个小之又小的概率的命中者。而大胆行事的人，往往不会有这方面的顾虑，他们知道冒险不一定能够带来成就，但是不冒险，一定不会有所成就。失败的人缺少的不是金钱，也不是机会，而是勇气和果决，因为他们往往会在机会面前太过纠结。

美国商业大亨亚蒙·哈默22岁的时候就成为美国商界的领袖人物，他之所以能够取得如此大的成就与他的冒险精神有着很大的关系。

1921年，苏联刚刚打完仗，粮食收成不佳、闹饥荒。哈默听说苏联政府开始实施新经济政策，鼓励外商投资。当时西方国家对苏联充满了恐惧，因此不管苏联开出多么诱人的条件，也没人敢去投资，而哈默却开了先河。哈默先与苏联做了粮食生意，获得了双赢的效果，赚了不少钱。后来他又果断地跑到苏联投资办企业。哈默一生的商业成就为人称赞，他在苏联的大胆投资更是值得称道。

亚蒙·哈默的成功经历告诉我们，一个人想要去实现自己的梦想，要做到以下几点。

1. 要有冒险精神

如果你有想要成功的欲望，那么必须要有冒险精神，因为你只有敢为人先，才能拥有胜利的可能；如果你一直跟在别人后面，那么你可能永远无法获得成功。冒险就是你要在别人不敢做某件事的时候，大胆去做，这样你才能先人一步，看到成功的曙光。

2. 要有具体的行动

所有想法如果不付诸实践就都是空想，永远无法变成现实。当有了想法的时候，就去做，去努力。不行动的人永远无法获得成功。不要去妄想不劳而获，只有付出了努力之后的果实才是最甜美的。当然，行动不能是盲目的，也不是冲动的，而是有计划，有具体步骤的，是切实可行的。

3. 要学会接受挫折

成功有时容易有时难，你要做好失败的准备，不要被失败打垮，只要道路是正确的，想法具有可行性，那么你就应该坚持。

4. 要有创新精神

要勇于摆脱传统想法的束缚，不受现有方法的局限，敢于采取新方法去做自己的事情。

不管是生活还是事业，具有冒险精神的人往往比在想法面前纠结不已的人更容易获得成功。如果你有一颗想要冒险的心，却不敢去冒险，为此纠结不已，那么不妨去试一试，生活本就是一场博弈，输了大不了从头再来，只要自己不后悔就好了。

人生就是一个不断试错的过程

活得纠结的人，往往对某件事有着一些执念，却又不去尝试，这种感觉发展到了最后就演变成了不甘心。他们虽然不甘心，但是又出于各种忧虑而不敢去尝试，生怕自己走错了路。可是他们不知道世上没有一条路是白走的，当你站在十字路口茫然不知所措的时候，不管你走哪条路都是一种开启未来的方式。

有些人在行走时，习惯了让人指路，告知他们这条路应该怎么走，虽然可能更容易到达目的地，但却少了那种未知的快感与有趣的不确定性。我们要明白，不是所有时候，你的十字路口都会站着一个人来帮你指路，有些路需要自己去摸索，只有走过了，走错了，才明白自己真正要的是什么。虽然你的路走错了，你也是有收获的，至少你看到了别人看不到的风景，在路上认识了很多人，也体会了挫折。

提到迈克尔·乔丹，就不得不提他的篮球成就，但很少有人知道，乔丹对棒球的热爱不逊于篮球。

乔丹在12岁的时候就已经是威明顿少年棒球联盟的顶尖好手，当时著名的《明日之星》杂志还因此刊登过他的照片。后来在篮球场上的成功，并没有让他放弃对棒球的热爱，而是让他陷入了纠结之中，他曾透露，自己在1991年就开始纠结要不要离开篮球场去打棒球。

长期处于纠结状态的乔丹，后来决定去尝试一下。他果断地放弃篮球去打棒球了，在他第一次宣布退役之后，于1994年2月7日，乔丹正式与芝加哥白袜联盟下的伯明翰男爵队签定了自由转会合同。

乔丹对待棒球的态度极为认真，他曾经说过："如果有人不相信我决意打棒球是严肃认真的，那是因为他们还没有看见我那些起早摸黑训练的日子，还有我滴血的双手。"

不过乔丹注定是为篮球而生的，在棒球场上，不管他多么努力，他的表现都不如预想的那么尽如人意。不管是观众、教练、队员还是乔丹自己，都意识到了这一点。后来，棒球联盟劳资问题引发罢工事件，乔丹在棒球场所剩下的唯一乐趣就是与队友们打牌赌博，这让乔丹下定决心离开白袜联盟。可以说乔丹的这段棒球经历是失败的。

对于这段经历，乔丹一点儿也不后悔，他在自传中写道："如果不打两年棒球，我永远不知道自己这么热爱篮球。"

有时候，上帝让你绕道走，其实是为了让你更好地成长，要知道世上最美的图画大多是由一条条曲线构成的。

世上没有一条路是白走的，也没有一件事是白做的，那些看起来毫无意义的事情，都是成长的基石。所有生命的插曲都有意义，所以不要抱怨为什么不早点儿做，更不要后悔要是做了什么就好了。你有后悔、抱怨的时间，不如整装待发前进起来。有时候只有走错了路，才逐渐明白自己要的未来；只有交错了朋友，才逐渐知道什么是患难见真情；只有爱错过人，才逐渐懂得真爱是什么。不去尝试一下，有些错误你永远会认为是正确的，只有尝试了，痛彻心扉了，才能真正地放下，安心了。

萧伯纳曾言："一个尝试错误的人生比无所事事的人生更荣耀，并且更有意义。"人生就是一个不断试错的过程，有些弯路必须自己走，有些错误必须自己去犯，如此才能知道其中的曲折艰辛。

生活的水是自己荡出来的

不可否认，很多问题大多是人们构想出来的，只要改变了想法，这些问题也就不复存在，人们也就不用为此纠结不已了。

一个年轻人在毕业之后，感到十分彷徨，于是他找到了一个心理学教授倾诉了很多烦恼：没有考上研究生，不知自己的未来在哪里；女朋友去了一家著名的大公司，担心她会不会移情别恋……

听完他的讲述，教授向他询问道："你见过章鱼吗？"年轻人不太清楚教授的意图，于是茫然地点了点头。

教授接着说："有这样一只章鱼，它本可以在大海中自由地游动，寻找食物，欣赏海底的风景，享受生命的美好。但是它游着游着，碰到了一个珊瑚礁，它的八只触角全都吸到了上面，一下子让它变得动弹不得，这种恐惧支配着它，让它陷入绝境。"

听到这里，年轻人似有所悟，说道："您是说我就像那只被困住的章鱼？"停了一下，他接着说，"确实挺像的。"于是，教授提醒他："当你陷入烦恼的时候，就要记得你就像是那只章鱼，只要你松开八只触角，就能自由游动。让章鱼动弹不得的是它自己的触角，而不是珊瑚礁。"

现实生活中，我们常常像那只章鱼一样，自己束缚住自己的手脚。我们总在担心未来的伴侣是否能够跟自己相处融洽，总在担心能否完成工作，总在担心子女是否能够学有所成……真正的未来到底是什么样子的，没有人能够知道。今天的你为了一个还不属于你的世界而担忧，难道不是自寻烦恼吗？

曾经有科学家对人的忧虑进行了科学的量化统计，结果发现，几乎所有的忧虑都是毫无必要的。在这些统计中，科学家发现，40% 的忧虑是与未来有关的，30% 的忧虑是与过去有关的，22% 的忧虑来自微不足道的小事，4% 的忧虑来自改变不了的事实，剩下 4% 的忧虑则来自正在做的事情。

其实，烦恼、忧虑、纠结都是人之常情，是人们难以避免的，不过由于每个人的态度不同，因此所造成的影响也会不同。通常情况下，常常纠结的人和不怎么纠结的人有着很大的不同。不纠结的人通常很少会自找烦恼，善于应对和淡化烦恼，因此活得比较潇洒；而常常纠结的人，喜欢自找烦恼，有一丁点事就能让他们愁绪万千，牵肠挂肚，活得很累。

很多烦恼都是自己想出来的，只要想这些烦恼就存在，不想就没有。所以做人不应想太多，不要去想那些让人焦虑的事情，只要做好有意义的事情就好了。烦恼就像一张无形的大网，藏在人们心中，一不留神就会带走快乐和好心情，因此千万不要自寻烦恼。不妨从现在起就试着改变自己的内心，也就是说让内心一直都保持明朗、积极的状态。遇事不再患得患失，瞻前顾后。无论发生什么事，都想得开，尽量往好的一面想，那么，你就离幸福快乐越来越近了。

试着跟不舒服和谐共处

在很多事情上，人们一旦被恐惧情绪所支配，就容易在决策时犹豫不决，不知如何是好。人们之所以犹豫不决，大多数是因为他们明白，有些决策会给自己带来不适感。而大多数人并不喜欢这种不适感，他们希望能够远离这种感觉，觉得既然感觉不让人愉快，为什么要自找不快呢？

可是，当我们试图逃避这种不适而选择在一个相对舒适的区域内活动的时候，其实内心依然是纠结的，因为它会不断提醒你，你将自己限定在了一个很小的舒适区，因此错过了很多事情，并且这些事情是你一直心心念念想要得到的，虽然有些风险，却因为“值得”两个字而熠熠生辉。这就好像是吃东西，有些健康食品并不是你喜欢吃的，而不健康的食品却让你欲罢不能，你如果选择吃你爱吃但是不健康的食品，长此以往，不健康就会找上门来困扰着你，你逃离了不舒服，但是也为自己制造了更多的混乱。

当你试着去摆脱这种恐惧情绪的支配，跟不舒服好好相处的时候，很多问题也就迎刃而解了。

已经五十岁的张先生是一个老烟枪，因为常年抽烟，总是咳嗽不止。在家人的催促下，张先生开始戒烟。从戒烟开始，那种迫切想要抽烟的感觉一直困扰着他，这种感觉很不舒服。他的意识开始不断地试图将吸烟合理化。不过张先生忍住了这种不适感，他开始将自己从这种不舒服的感觉中转移出来，不去想这些不舒服的感觉。

当他试图去忍受这种不适感并坚持了一段时间之后，他觉得其实这种不舒服的感觉并没有当初那般让自己难以忍受。他并没有因为不吸烟而疯狂，也没有因为不吸烟而感到疲劳，他的内在意识并没有因此崩溃。时间一长，这种不舒服的感觉就渐渐变淡了。后来，他彻底摆脱了烟瘾的困扰。

没有一件事是可以轻而易举地完成的，我们必须去忍受过程中隐藏的不太舒服的感觉。我们总有理由去选择一个舒服的方式，但是你要明白，舒服的方式并不能让你去达成自己心中定下的目标，而不舒服却可以。当你试着跟这种不舒服和平共处的时候，你也就离心中的目标更近了一步。所以走出舒适区，是你摆脱纠结的重要一步。

当然，跟不舒服和谐共处并没有我们想象的那么容易，不妨从以下几个方面入手。

1. 从点滴小事做起

当你感到不舒服的时候，不妨先忍耐一下。我们可以从身边的小事开始做起。这就像是妈妈给孩子治偏食，聪明的母亲往往会把孩子不喜欢吃的蔬菜切得碎碎的，放入少量来让孩子吃，让孩子慢慢适应这种感觉，之后再慢慢加大剂量，如此孩子就会渐渐接受原来讨厌的蔬菜。做事也是一样，比如你不愿意跟人面对面沟通，可以先试着跟对方通过短信的方式联络，然后再通过打电话联络，慢慢熟悉对方，试着沟通。

2. 强迫自己进入到不舒服之中

自己去寻找那些让你感到不舒服的事情做，禁止退缩，慢慢地你就能够从这种对不舒服的恐惧中走出来。

3. 对自己要逃离的事情充满警觉

认真观察自己，是否存在因为不舒服而妄图逃离某件事的情况。你在对抗何种情绪？你是否因为不舒服的情绪引起过某些问题？你是如何放任自己的意识给出合理化理由的？对这些全过程都要保持警觉，不能放任自己，不然一切都前功尽弃。

4. 认识到不舒服的情绪是我们的朋友

你要明白，当自己感到不舒服的时候，说明自己正在一步步朝着目标前行，就像是登山，我们走得艰难，正是因为朝着山顶进发。不舒服正是我们成长的标志。不要被一时的不舒服所打败，因为只有战胜了这些不舒服，才能摆脱不舒服。

自信是打破所有疑虑的武器

一个发光的人，必然是一个自信的人。自信是世上最神奇的魔法，可以化渺小为伟大，化平庸为神奇。胜利不一定站在智慧的一方，但必然会站在自信的一方。自信是一张鼓起的风帆，一个充满动力的马达，像一团火一样，驱走你内心的彷徨与不安。世上有太多问题是因为自我怀疑而引发的，只要你能够相信自己，这些问题就不会出现，就算出现了，也能快速化解，让你在通往未来的道路上，少一些自我纠结，多一些坦荡。

有时候，人们在问题里纠结，不是因为这个问题多麻烦，而是因为他们不够自信，因此盲目地放大了问题的难度，或者直接想也不想就给这件事贴上了“不可能”的标签。

如果让你把一把斧头推销给一位总统，你会去做吗？恐怕很多人在听到题目的一瞬间就摆手放弃了，因为他们认为这题太难，不是自己能够完成的。而美国推销员乔治·赫伯特就完成了这样一件人们认为不可能的事情，并因此得到了布鲁金斯学会颁发的一只刻有“最伟大的推销员”的金靴子。这是该学会从1975年以来，继一名学员成功将一台微型录音机推销给尼克松之后，又一个学员获此殊荣。

布鲁金斯学会有一个传统，就是每到毕业季，就会给学员布置一个实习题去完成。克林顿当政期间，他们出的问题是：将一条三角裤推销给现任总统。8年间，无数学员为此绞尽脑汁，但是最终都没能成功。克林顿卸任之后，问题变成了：将一把斧子推销给小布什总统。

在看到这个题目之后，再想想以前的学长们的惨痛教训，很多学员早早地就打消了争夺金靴子奖的打算。学员们都认为，作为一国的最高领导者，总统什么都不缺，就算缺了什么，也必然不用他们亲自购买。自己在学校学习到的各种推销技巧根本毫无用武之处。

不过乔治·赫伯特并不认为这是多么困难的一件事，且成功做成了。在接受记者采访时，他说：“我不认为将斧子推销给小布什总统是多么困难的一件事。因为布什总统在得克萨斯州有一片农场，里面长有很多树。于是我就给他写了一封信，说我有一次参观他的农场，发现里面很多树都已经死掉了，木质已经变得松软。我提议他买一把锋利的老斧头，砍掉枯树并在信里告诉他我这里恰好有这样一把老斧头。如果他感兴趣的话可以按照这封信所留地址，给我答复……最后他给我汇来了15美元。”

乔治·赫伯特的成功在于他并没有觉得这个任务是难以实现的，并认真地考虑这个问题，没有因为看似困难的问题而丧失自己的自信。

一个拥有自信的人，做事的时候不会让太多的疑虑纠缠自己，他们会自动去屏蔽那些莫须有的问题，靠自己的能力获得一切。而没有自信的人，即便他有丰厚的资本、强大的背景，但是他永远缺少一种魄力，无法自立，流于平庸。

在生活中，我们往往会在问题前畏惧不前，事事都容易做最坏的打算，无限地放大问题的困难度，到了最后要么轻易放手，要么纠结不已而不敢迈出一步。自信是我们立足于世的一个基石，一旦没了自信，那么我们就成了浮萍，只能随着水流，四处漂泊。

勇敢地去尝试，不要凡事都事先打上“不可能”的标签，只有胆小鬼才会在成功面前总是摆手拒绝。

眼光狭窄了，你的世界就容易“兵荒马乱”

几年前，网上流传着一个女教师的辞职报告，上面只有短短十个字：“世界这么大，我想去看看。”一时间，引来了无数人的羡慕，很多人都想跟她一样来场说走就走的旅行。不过，由于身上还有生活或者家庭的担子，虽然心生向往，大多数人终究还是做不到那么洒脱。

其实，有没有走出去，有没有进行一场旅行，并没有那么重要。虽然诗人北岛说：“一个人行走的范围就是他的整个世界。”但是从更深一层来讲，你的世界全靠你自己来开启，不管你走得多远，到过哪些地方，如果心没有走出去，那么一切都是徒劳。人们去开启一场旅程，更多是为了拓展自己的眼界，充实自己的心灵，去验证“见多识广”这句成语的含义，让自己活得更加淡然、洒脱。有时候虽然你的生活范围不大，但是只要眼界放宽了、内心开阔了，你的世界也就大了，就不容易为一点小事牵肠挂肚、心烦意乱、纠结不已了。

曾经看过一个讲述2008年北京奥运会开幕式幕后故事的纪录片，里面的故事常常会把视角放在一些普通人的身上。其中有一个人让人印象深刻，他就是承接了奥运会制缶工作的商人张千。

张千只是一个普通的公司老板，经营着一个不大不小的工厂。当时的奥组委在选制缶公司的时候，采用了投标的方式，谁给的价低，能够最快完成任务，谁就能拿下这个订单。许多原本打算承接下这个订单的公司，在看到奥组委给出的价格以及要求之后，纷纷打了退堂鼓，只有张千毅然决然地接了下来。

奥组委给的价格太低，甚至不够成本价，而且要求在短短35天内完成，逾期一天扣50万元，超过十天不予支付，而且款项需要张千先垫付一部分。这是一个极具风险的订单，虽然张千是生意人，但是生意人也有自己的风险底线，这个订单无疑已经超过了底线。即便如此，张千还是镇定自若地承接了下来。因为他早早地就为自己下了注，购买了一些制作缶的材料，并已经开始了制作，另外在商场摸爬滚打多年的张千看来，这张订单的盈利与否不是最重要的，他看重的是奥运品牌的价值。在经过加班加点的工作之后，张千终于在合同约定的期限内完成制缶工作。

缶是赶制出来了，但是并不代表一切就完美结束了。在彩排的过程中，缶上面安装的LED灯出现了问题，很多都没有亮。张艺谋气得在电话里大骂："60%的开关是水货，照现在的故障率，8月8日（开幕式）就废了。"张千当然知道缶上用的已经是最好的开关，之所以会出问题，是因为战士在拍打的过程中太过用力给拍坏了。如果是普通人，恐怕早已在被张艺谋一顿大骂之后，恼羞成怒跟他辩解，或者委屈地不知所措了，而张千却一点儿也不惊慌，他知道问题出现了首先是要解决。他镇定地向张艺谋保证，自己修不好，就不要钱了，权当买个教训。他的保证，也给张艺谋吃下了一颗定心丸。

在一个个检测并更换开关之后，缶终于不再出现问题。开幕式当天“击缶而歌”演出，整齐划一的缶之光，堪称完美，让世界震惊。当然，张千也在这次生意中挣得钵满盆满。很多网友在看完纪录片之后，纷纷感叹：“这老板果然是个干大事的人啊！”

古人常用“大将之风”来形容一个人沉稳，遇事临危不乱。一个有“大将之风”的人，必然看得要比别人远，比别人看得更透彻。黑格尔说过：“一个民族有一些关注天空的人，他们才有希望；一个民族只是关心脚下的事情，那是没有未来的。”其实我们把这句话放在自身身上也一样，当我们只把目光停留在眼前的时候，就好像是骑车只看脚下的路，掌握不了大方向，最后只能落个人仰马翻。只关心眼前的好与坏，就容易陷入小格局之中自乱阵脚，陷入一种消极状态，遇到问题就会措手不及，不知如何应对。张千能够大胆接下这个订单是因为他早已看到了奥运会品牌的价值，而出现问题不慌张，是因为他看到了问题的本质，再加上经历的风浪多了，自然也就有了抵抗力。

很多人之所以会让自己的世界变得兵荒马乱，正是缺少了一种大视野、大气魄、大格局，他们看到的只是当前的利益得失，一点点的风吹草动，就容易让他们变得敏感，变得畏首畏尾。如果突然把一个大事情交到这个人手上的话，他们一定会被重压压得喘不过气来。这样的人“守成”尚且勉强，“开创”几无可能。如果你想要活得不那么纠结，不妨将自己的眼光放得长远一些，让自己的世界更加开阔一点，这样你才能走得更远、更稳，走出一片新天地。

测试

你的行动力如何

1.如果阳桃正在暗恋着某种水果，你觉得它喜欢的是哪种水果?

A.香蕉——5分

B.柠檬——1分

C.番茄——0分

D.水蜜桃——3分

2.如果有种水果打算阻挠阳桃的暗恋，并准备整一下阳桃，你觉得是哪种水果?

A.香蕉——3分

B.柠檬——1分

C.番茄——0分

D.水蜜桃——5分

3.在象棋的棋盘上，有两颗棋子在交流，是双方的马，你觉得它们在讲什么呢?

A.论速度，我一定比你快——1分

B.唉！我们的军队快输了——3分

C.我比你美多了——0分

D.今天天气不错——5分

4.如果一颗台球即将被人用球杆撞开，你觉得这颗台球的内心想法是?

A.痛死了啦，讨厌——1分

B.如果撞到东西，还要滚来滚去，真麻烦——0分

C.终于到了我能大显身手的时刻了——5分

D.就算这人技术不太好，我也要凭借自己的能力去击中目标——

3分

5.如果你现在在一个装修很豪华的酒吧喝酒，那么你会选择喝以下哪种酒？

A.水果酒——0分

B.清酒——5分

C.啤酒——1分

D.葡萄酒——3分

测试规则说明：

评分规则19分以上——A型；13~18分——B型；7~12分——C型；6分以下——D型

测试结果分析：

A型：有着超强的行动力

你有着天生的行动力，你好奇心很强，所以什么事情都想要尝试一下，因此你的行动力要比其他人强很多。由于你并不会去想“如果失败了怎么办”之类的问题，所以不管在什么领域，你都敢于亲自体验，因此也促进了梦想尽快实现。

B型：拥有不错的行动力

你有着一种能够看清事实的直觉力，因此你总是凭着直觉来做事，但是有时候做事太过犹豫，比如你会小心翼翼地说“这样做说不定可以成功”，因为你的不确定，往往会错过很多时机，而现实往往会被你猜中。其实人们有时看重的经验是通过意识筛选出来的，尤其是针对带有预测求证的经验，人们往往会记住预测正确的经验，却选择性地遗忘那些失败的经验。用经验引导直觉再来判断行为取向是无可厚非的，只是不能过于拖拉以免错失良机。

C型：思考力博弈行动力

你的思考能力将会是阻挠你行动的第一个重要元素，你一直是个不管在怎样的情况下都能做出正确判断的人，因此你并没有遇到过多么大的失败。你习惯于在感到纠结，不知如何是好的时候，通过各种渠道去吸收知识和信息来得知“事实真相”，而且不将事情搞清楚你是不会贸然行动的。这个是个好习惯，但同时也拖延了你的行动力。

D型：生活随意，有待加强行动力

你是一个很懂生活的人，能够分辨出美的事物、品味出人生中的快乐，这是你的优点也是你的强项。不过由于你过于随性，做事往往没有计划性，所以行动力也不是很强。如果想要成功，就需要加强行动力了。

第六章

努力是埋葬彷徨、跳出纠结的最佳方法

老天从不会让你走投无路，逼你走入绝境的往往是你的恐惧与妄想。你越不努力，就越只能在不满意的选项面前犹犹豫豫而又无能为力。努力的最大意义，是让你可以从厌恶的纠结中跳出，不会庸庸碌碌地过一生，还骗自己平淡才是真。

最靠谱的选项往往是最不舒服的

“心心念念想要成功，自己却不愿意为之付出努力”几乎是每个失败者的特质之一。他们总在不停地抱怨，或者不停地悔恨：“为什么成功的是他而不是我？”“如果那次我也加把劲，说不定比他还强……”可是当他们再次面对选择时，依然会选择让自己舒服的那个选项，然后口口声声地说：“费了半天劲也不一定能成功，傻子才干这样的事呢。”其实他们不明白，虽然不是每次努力都能有所收获，但是不努力一定没有收获，最靠谱最让自己日后不纠结的选项往往是最不舒服的。

叶子和媛媛是大学同学，因为关系不错，两人毕业之后约定好一起到北京来打拼。为了能够节约租房费用，两人合租了一间房。

在找工作时，两个人选择了不同的方向，叶子选择了工作和工资都相对稳定的文员，而媛媛则选择了比较富有挑战性的销售。

在北京的第一年，两人的收入都差不多。叶子的工作相对轻松，工作也不用操心，有时间就去看看电影或者到处游玩。媛媛就没有那么轻松了，她因为刚刚接触销售这个行业，还没有打开局面，不仅工作压力大，还常常要面对顾客的冷言冷语，有时候为了推销公司的产品常常需要去客户家里拜访，半夜才能回到住处，工资比叶子还要低一些。

看到每次都累得连话都不想说的媛媛，叶子忍不住劝说道：“你看看你把自己累得半死，结果还没我挣得多，还是赶紧辞职算了。再说你一个小姑娘，半夜自己在路上走多不安全啊，就不怕有坏人啊！”

嫒嫒当然知道叶子是为自己好，所以也没说什么，只是告诉对方：“亲爱的别担心，我买了一个防狼神器带在身上。我现在还不想放弃，再让我努力一年。”

到了第二年，嫒嫒的付出总算有了一些回报，开始有了一些老客户，收入自然也增加了一些。到了第三年，嫒嫒的工作越做越好，甚至因为表现优秀被评为了公司优秀员工，之后不久就被升为了部门经理。而叶子呢？还在做着文员的工作，工资也没涨多少，也没得到多少自我成长。

看到在事业上干得风生水起的嫒嫒，叶子开始有些后悔了，她总是会对嫒嫒说：“当年还不如跟你一样，去当销售呢！”

其实，每个人想要成功，就必须经过雕琢。没有谁不通过努力，就能轻易获得某种成就。

常常在看到别人成功后而纠结后悔的人，往往之前在做选择的时候选择了容易的那一个。可是他们不明白，想要拥有好身材，就要忍住美食的诱惑，迈开沉重的步伐，锻炼自己；想要学好一门技术，就要付出努力，并学会坚持。

虽然有些人天生就有着让人羡慕的优越家境，但是你也要明白，世上大部分的成功者并没有这一前提条件。他们就像是你我一样，甚至比我们的境遇还要差上几分，但是他们穿透了黑暗，绽放了光芒。

很多事情都是经过努力之后才能开花结果，不要责备上天赐予你的太少，或者生活对你太过吝啬。想要成为理想中的自己，你就必须淬炼出自己的光芒，狠狠心，别让自己过得太安逸了。

有些事情不用纠结，努力之后就会爱上

人生总会面对一些自己不想面对的事情，去做一些自己不情愿做的事情。在面对这些事情的时候，采取了怎样的态度，往往决定了你以后的道路。

“事情哪有你想的那么简单。”这是多少放弃者的口头禅与不变的理由。可是生活不易，对每个人都是如此，为何有人却能够成功呢？

在日剧《重版出来》中，我们看到这样一个角色：他叫小泉纯，在一家漫画杂志社做销售员。他在填报工作志愿的时候，原本想要去的是编辑部，却被分配到了销售部，从此他不明白自己所做的事情到底有什么意义，做事看起来很努力，实际上却不是那么回事。

他在向书店店员推荐漫画的时候，因为说话声音总是很小，做起事来也总是有气无力的，因此常常被书店店员在私底下称为“幽灵先生”。因为没有什么存在感，虽然在杂志社工作了多年，却一直业绩平平。他认为在这个纸媒衰落的时代，除了极个别的书籍可以畅销之外，其他的书籍都很难销售，所以自己的工作根本就是没有前途的。因为看不到工作的意义，他内心积压的不满越来越多——“一直以来，我都踏踏实实地过来了。可是为什么我没有被选中呢。在这个充满娱乐的时代，漫画杂志也好，单行本也好，除了畅销的以外，销售额都持续低迷，要我把这漫画卖出去，这也太难了。看漫画的人并没有那么多。”“年轻的时候上司总是说，跑销售跑烂了鞋底总会有结果的，现在这种早就不流行了。”可是他从未观察过自己的鞋底，是那样的平整。因为他工作心不在焉，就连观看这部剧的观众都忍不住评论说：“像他这样内向的人，确实不适合做销售。”

可是剧情很快就峰回路转，而导致剧情转变的关键人物是杂志社编辑部新来的编辑黑泽心。小泉与黑泽心一起负责推销一本叫作《蒲公英的铁道》的漫画。黑泽心大胆地向店员提出看起来无理的要求，并且对店员的配合表示了感谢。黑泽心明明是个编辑，但是走起路来比身为销售的小泉还要快。这种对工作的热情，让颓废了太久的小泉开始重新审视自己的工作。

他终于重燃斗志，觉得自己进入公司这么多年，如果现在不努力的话，就只能当一辈子“幽灵”了。他重新开始思考自己的工作，并认真对待，当销售部为如何宣传而苦恼的时候。他提出，说服书店的店员将漫画摆放在其他成年书籍中进行展出，吸引不同年龄段的读者注意，这个方法很快就被领导采用。为了推销书籍，他跑遍了东京120家书店，鞋后跟磨没了一大半。当他看到《蒲公英的铁道》这本书最终畅销并加版印刷的时候，他终于明白了自己工作的意义——“虽然我们做的是销售，但我们的对象是人。要将你的心思传达出去。即使漫画再怎么好看，也不一定能热销，没有随随便便就热卖的作品。热销作品背后，是努力卖书的人。”最终小泉成为店员和同事眼中那个积极、热情的销售员，而不再是一个看起来没有灵魂的“幽灵”。

有些事情就是这样，如果你还没有付出就先打上了否定的标签，那么你看到的永远都是困难、艰辛，自己的不适合。可是一旦你付出了，就能发现其中的光亮，就像是荔枝，如果不剥开外面的皮，你永远都会觉得它丑陋无比，但是当你剥开了皮，就能看到里面晶莹剔透的果肉，品尝到其中甘甜。

人的很多想法，往往是从主观意识出发的，并没有经过实践的验证或者只是尝试一下，遇到一些小挫折，就已经下了结论。这样的结论往往过于主观化和盲目化，会让人们失去斗志，在颓废中混乱不已。

想要拨开迷雾的最佳方法就是先推翻这种结论的设定，然后用心去做，做到真正的尽心尽力，或许就能得到不一样的答案。

世上没有那么多为什么，要学会去接受

很多事情，看上去不尽如人意，但是你走着走着就能走成理想中的模样，或者收获意外的惊喜。每个领域都有一些熠熠生辉的人，每个人都有出人头地的机会。不同的是，只有那些不去纠结现状，一直默默努力的人，才能得到成功。

所有事情都有其积极正面的一面，在遇到一些问题的时候，不要马上将其定性为一件坏事，不停地去纠结为什么对自己这么不公平，也许你的人生就能因此而改变。

马陆是一家娱乐公司的练习生，从十几岁加入公司开始，他就迫切希望能够尽快正式出道。

经过公司的各种课程培训之后，一天，公司领导突然召集了几个跟马陆一起进入公司的同期生，告知他们公司打算推出一个乐队。随后向这些年轻人询问，各自都打算学习哪种乐器。结果大家都说想要学习吉他。众所周知，一个乐队绝对不能仅有吉他这一种乐器，于是领导对着大家说：

"乐队只留两个人学习吉他就够了，小亮和小安去学吉他，马陆去学习贝斯，小雨去学习键盘，宁宁去学习定音鼓。"说完，不容众人辩解就快步离开了。

领导离开之后，除了两个原本就想要学习吉他的小亮和小安，其他人都一脸沮丧。不过没过几天，马陆和小雨就从这种沮丧中走了出来，他们不再纠结为什么领导这么偏心，不让自己学习吉他的问题，开始全身心地投入到贝斯和键盘的练习之中。而宁宁呢？还在不停地抱怨，看见人就忍不住念叨："凭什么让小亮和小安去学习吉他，自己却要学习定音鼓。定音鼓一点儿也不帅气，到时候就算组成了乐队出道，自己也一定没有存在感。"

半年之后，领导来验收成果，结果发现除了宁宁之外，大家的表现都很不错。于是领导决定，除了宁宁，剩下的人组成一个乐队出道。

就这样，宁宁丧失了出道的机会。而马陆自从认真练习贝斯之后，慢慢地爱上了贝斯，成为一位出色的贝斯手。

很多人都希望能够在人生途中遇到一位贵人，能够及时对自己伸出援手，帮自己渡过难关。其实，我们的贵人就是我们自己。当我们愿意以一种积极的心态去面对生活的时候，自然就能解决很多问题，化解很多纠结，让自己更加理想化。

人的一生可能会遇到很多不顺心的事情，积极的人愿意一边努力一边想着能否改变现状，而消极的人每当遇到不顺心事的时候，会停在原地不停抱怨。

世上任何问题都可以被我们积极的思想和行动所打倒。或许我们无法完全控制人生中将要发生的每件事、将要面临的每个问题，但却可以决定自己如何去面对这些事、这些问题。当我们决定了如何去面对时，也就注定了我们将会有怎样的人生。积极的态度往往引发积极的行动，从而得到积极的结果；而消极的态度只会带来消极的行动，最终得到的也只是消极的结果。

人生就像是游戏，玩家是你自己，积极的人从不会去抱怨自己手中的武器太差，而是尽自己所能，打出最好的水平。在人生路上难免会遇到迷茫的时候，这时不妨先迈开步伐，去试试看，也许你会喜欢上远方的风景。

美国成功学家史蒂芬·柯维曾说："心态是世界上最神奇的力量。带着爱、希望和鼓励的积极心态往往能将一个人提升到更高的境界；反之，带着失望、怨恨和悲观的消极心态则能毁灭一个人。"当人遇到让自己纠结不已的事情时，不妨以一种积极正面的心态去对待，这是解决问题的关键。以积极正面的心态分析问题，并运用自己的智慧，通过行动来解决问题才是成功者的做法。

积极的心态是摆脱迷茫的关键，也是走向成功的出发点，而消极心态往往会抹杀我们的未来，让我们一直停留在某个节点，不断抱怨着现状，却不知如何改变。

懒惰只会让你饱受煎熬

"天太冷了，还是不要做了""太热了，做一会儿就满头大汗，还是算了吧"……如此这般，我们常常会找各种借口让自己偷懒。

很多人都简单地将"不纠结"理解"为什么都不去想"，其实这是十分片面的看法。"不纠结"的目的是让大家集中精力去做一件事情，让自己能够静下心来去思考，而不是把精力与时间浪费在一些无关紧要的顾虑上。

懒惰是人类的天性，虽然人们都知道懒惰不好，但是依然很容易产生惰性。通常来讲，很少有人会从一开始就想要懒洋洋地度过一天，更多的时候，我们是刚开始都充满干劲，但是会慢慢泄气，开始给自己找到一些借口，松懈下来。比如本来充满干劲地工作，却发现同事没有那么拼命却依然得到了领导的表扬，这时候就会产生“他都不干活却受到表扬，那我为什么要那么卖力呢”的想法，于是就会跟着懈怠下来。借口这个东西，只要你想找，就一定能够找到。

如果我们懒惰的前提是因为平时太忙了，想要放松一下自己，调整一下自己的心情，这样看上去很合理，可实际上，一旦停止了工作，保持一种懒洋洋的状态的话，时间一久，你就会开始不安起来，担心工作的进度、担心工作的质量……总之你的状态反而变得糟糕起来。

不要以为整天无所事事、游手好闲的人生活就一片歌舞升平，其实他们也有很多痛苦。

王捷自大学毕业之后，找了几次工作都没能应聘成功，就待在家里成了“啃老一族”。

他每天都将自己埋在游戏或者网络的虚拟世界里，一天到晚不出家门，企图逃离现实世界。父母有时会忍不住说他几句，可是他好像根本就没有将父母的话放在心上。

其实，王捷想要当一个设计师，这是从进入大学之后就树立的志向，但是在学校的学习过程中，他发现老师的能力有限，自己学到的东西也有限。他觉得是老师将自己的天分给扼杀了，与其做个不入流的设计师，不如放弃这条道路。于是在混完了四年大学之后，他又不知道自己能够做什么，只能一天天待在家里。

不过几个月之后，他发现自己越来越懒惰，罪恶感也不断折磨着他。

他想要让自己内心的裁判官保持沉默，但却做不到。内心的裁判官总是在不断地责备自己。

在这种浪费时间虚度时光的状态中，他并没有感觉到幸福。虽然表面看上去很爽，实际上潜意识却陷入了一种不断自责的状态之中。表面兴奋快乐，背地里却隐藏着无尽的纠结与痛苦。

终结王捷这种状态的是一份录取通知，在王捷再次尝试寻找工作的时候，一家设计公司录取了他。开始上班的王捷，感到了前所未有的畅快，并重新找回了对设计的热情。

正如上面王捷的故事一样，当我们开始懒惰的时候，其实内心是十分不安的。

每个人都是找借口的天才，一件事耽误了，我们能够找出一万个理由来，借口让我们沉浸在自己构造的理由中不能自拔，我们总在不断放弃着自己向前的进步主权，让自己成为一个半堕落半懦弱的人。每个懒洋洋的人，其实内心一直抱有深深的罪恶感。成天游手好闲看起来很轻松，其实自己内心清楚，周围肯定有人瞧不起自己，社会也不会给这样的自己一个肯定的评价。即便周围人没有瞧不起自己，社会也没有给自己负面的评价，但是自己还是会责怪自己——“为什么自己会这么没有出息”。

与此同时，游手好闲的人还要承受双重的孤独。一种是身体上的孤独：他们大部分时间都在寻找自己可以做的事情和想要做的事情。每个人都在忙，闲下来的他会觉得很无聊；另一种是心灵上的孤独，理解自己的人太少，知音难觅。

相信每一个让自己长期处于一种安逸之中的人，都能够深切地感受到那种来自自身的退步。长期不挥动的翅膀，当危险来临的时候，往往连怎么挥动都忘记了。这种担忧会时时刻刻地困扰着人们，如果想要摆脱这样的不安，唯有不断充实自己，锻炼自己，如此才能在危险来临时，不畏风雨。

测试 你对成功的心理倾向

1. 快乐对你而言比金钱更加重要。

A. 非常同意　B. 有些同意　C. 有些不同意　D. 不同意

2. 如果你知道这件事一定要完成，那么工作的压力和困难并不能困扰你。

A. 非常同意　B. 有些同意　C. 有些不同意　D. 不同意

3. 有时候成败确实可以论英雄。

A. 非常同意　B. 有些同意　C. 有些不同意　D. 不同意

4. 对待错误，我一直保持着十分严厉的态度。

A. 非常同意　B. 有些同意　C. 有些不同意　D. 不同意

5. 你十分看重名誉。

A. 非常同意　B. 有些同意　C. 有些不同意　D. 不同意

6. 你的自我适应能力很强，知道什么时候将会改变，并会为这种改变做好准备。

A. 非常同意　B. 有些同意　C. 有些不同意　D. 不同意

7. 一旦下定决心要做某件事，你就会坚持到底。

A. 非常同意　B. 有些同意　C. 有些不同意　D. 不同意

8. 你喜欢别人将自己看成一个身负重任的人。

A. 非常同意　B. 有些同意　C. 有些不同意　D. 不同意

9. 你有一些爱好花费很高，不过有能力去承受。

A. 非常同意　B. 有些同意　C. 有些不同意　D. 不同意

10. 如果你知道一个计划会带来积极或者正面的成功，你会小心翼翼地将时间与精力花在上面。

A. 非常同意　　B. 有些同意　　C. 有些不同意　D. 不同意

11. 如果你加入了一个团体，你会认为团队的成功比个人的成功更重要。

A. 非常同意　　B. 有些同意　　C. 有些不同意　D. 不同意

12. 你宁愿看到一个方案被拖延，也不愿意毫无计划、无组织地去完成。

A. 非常同意　　B. 有些同意　　C. 有些不同意　D. 不同意

13. 你将能够准确地表达自己的意思作为一件值得让自己高兴的事情，不过前提是你要确认别人是否真的了解自己。

A. 非常同意　　B. 有些同意　　C. 有些不同意　D. 不同意

14. 你有很高昂的工作情绪，有用不完的精力，很少有觉得精力枯竭的时候。

A. 非常同意　　B. 有些同意　　C. 有些不同意　D. 不同意

15. 总体而言，常识和良好的判断对你来说，比了不起的点子更有价值。

A. 非常同意　　B. 有些同意　　C. 有些不同意　D. 不同意

测试规则说明：

1.A：0　B：1　C：2　D：3；

2. A：3　B：2　C：1　D：0

3. A：2　B：3　C：1　D：0

4. A：1　B：3　C：2　D：0

5~15 均为 A：3　B：2　C：1　D：0

测试结果分析：

0~15 分

获得成功对你而言，意味着圆满的家庭生活与精神生活，而不是权力和精神的获得，因为你能够从工作之外得到成就感，因此，你不适合爬高位，这个建议可以帮助你专注于实现自我的目标。

16~30分

也许你并没有争夺高位的想法，至少现在是这样。你有足够的能力，不过你还不准备做出必要的牺牲和妥协。这个倾向会促使你寻找途径来发展跟你目标一致的事业。

31~45分

你有获得权力和金钱的倾向，想要爬上任何一个组织的顶层对你而言都轻而易举，而且你能轻易办到。

第七章

不要去计较苦难，逆风的方向更适合飞翔

纠结的人，往往会在苦难面前抱怨不已，可是他们永远不知道世界上最让人纠结的是，你配不上自己的野心，也辜负了自己所受的苦难。

身处低谷，怎么走都是向上的

命运像是个爱捣蛋的孩子，有着自己的脾气与性格，会给人们带来意外的惊喜，也会毫无征兆地给人们带来灾难。我们总喜欢惊喜带给我们的快乐，却无法忍受灾难带给我们的痛苦。而一旦痛苦占领了我们的心灵，我们就开始无休止地自我猜测，埋怨苦难，埋怨命运，甚至开始自我放弃。

人们总在纠结于“为什么是我”这个问题，在被命运选中，尤其是被厄运选中的那一刻，人们往往会发出这样的疑问——“为什么是我遭遇了这样的苦难”“为什么是我要经历这样的变动”“为什么要让我得这种病”……可是命运啊，休论公道！埋怨与纠结并不能让人们从低谷中走出，这时候唯一可以让人走出低谷、摆脱纠结的方法只有努力。人生到了谷底，不断地锻炼自己，积蓄能量，才能完成一次次凤凰涅槃。

富兰克林·德拉诺·罗斯福总统在39岁的时候，高烧让他患上了小儿麻痹症（也被称为脊髓灰质炎）。作为一种急性传染病，小儿麻痹症的感染者90%是1至5岁儿童，很不幸，剩下10%的概率被罗斯福总统给撞上了。这突如其来的灾难让他难以接受，他不断做着一些无谓的挣扎，结果病症非但没有减轻，反而让他的身体越来越差。

在一个又一个不眠之夜之后，罗斯福认清了自己的情况，开始以一种乐观的心态去适应它。他开始向命运发起反击了，他说：“我就不相信这种娃娃病能击倒一个堂堂男子汉，我要战胜它！”他用双手从一个房间爬到另一个房间，在地板上跟儿子玩摔跤，并通过游泳与病魔做斗争，最终重新使用他的左腿借着手杖站起来了，并坐着轮椅又走上了政治舞台。1928 年，罗斯福当选纽约州长，重返政界。1932 年竞选总统获胜，成为美国历史上最著名的总统之一。

每个人都有一段不堪回首的时期，像是等待黎明的夜，看上去毫无希望，并可能继续沉沦下去。更让人感到无助的是，当夜晚越来越深，便会觉得自己一直在坠落，这种坠落时的无力感每时每刻都在折磨着你。在这个时候，如果你放弃挣扎，开始破罐子破摔，恭喜你，你找到了一个冠冕堂皇的理由，开始了一段自欺欺人的旅程。在这段时期，没有人会站出来给你警醒，你的自我催眠会不断论证自己沉沦理由的正确性。

如果你依然想要继续，那么你将永远在低谷里玩耍。

我们要知道没有谁是上帝的宠儿，在残酷的现实和强大的对手面前，我们都可能自我怀疑，并且很可能会败下阵来。你可能会接受不了这样的落差，可能会因为别人的嘲笑和不屑而感到气愤，可能会不断地抱怨，可是这些都拯救不了你。

身处低谷的你，可能早被无数次的徒劳无功消磨了希望，你在失望的门前徘徊，不知道自己要不要再尝试着走一遍眼前的独木桥。

那个打在心底的问号，每当夜幕降临时便会一次次叩响自己的心门，让你承受内心的惶恐与煎熬，如果你没有在原地打转，没有因为不安而选择妥协，而是继续带着一种焦虑，鼓起勇气迈出一步，走向黑暗之中，你终将能够走进光明。

没有过不去的坎，只有想不开的人

人们总会把苦难当成敌人，可是也正是因为这个“敌人”的存在让我们得到了成长。哭的时候没人哄，就自动学会了坚强；怕的时候没人来，就学会了勇敢；无措的时候没人帮忙，就学会了自立。如果我们总是一味地在苦难中抱怨、纠结，那么你注定什么都学不会，只学会了消极。有时候，只要想开了，任何困难都会变成一个让你成为更好的人的契机。

李乐出生在一个偏僻的小乡村，大学毕业好不容易找了一份工作，生活才慢慢好了起来。可是没过多久，李乐的公司因为经营不善倒闭了，李乐只好重新找工作。而正在这时候，父母在一次交通事故中意外身亡，这让李乐彻底失去了对生活的热情，终日借酒浇愁。

一日，李乐再次来到了商店买酒喝，在路上不小心撞倒了一个老者。李乐虽然心情糟糕透顶，但是心里知道是自己的不对，因此主动跟对方道歉。老者原本就觉得不是什么大事，看到李乐态度诚恳，就笑了笑，原谅了李乐的冒失，同时他看到李乐一脸颓废的样子，必然是遇到了什么事情，于是像关心自己儿子一样，询问李乐：“小伙子，是不是有什么烦心事？”面对这个跟自己素不相识的老人，李乐却突然有了倾吐的欲望，随即他将自己的情况告诉给了对方。当这位老者听了李乐的情况之后，只对他说了一句话：“我现在有几个字要送给你，希望它能够对你有所帮助，那就是‘没有过不去的坎’。”说完老者就走了。

李乐听到之后号啕大哭，多日以来的情绪得到了宣泄，然后他擦了擦眼泪，决定要乐观地面对之后的日子。

他重新开始寻找工作，并让自己努力投入到工作中。因为工作认真，他得到了同事和上司的赞赏。在一年之后，他就升为了部门经理。而那段颓废的时光也早已在忙碌中谢幕了。

后来，李乐又遇到了一个生活的考验，他无可救药地爱上了一个女孩。他从第一次看到女孩的那一刻就认定她是自己此生唯一的伴侣，如果没有她，自己活着也没什么意思了。在双方交往一段时间之后，女孩突然提出了分手，这让李乐以女孩为中心建立的世界瞬间崩塌。那几天，李乐每次看到床头的“没有过不去的坎”这几个字就觉得无限讽刺。

可是随着时间的流逝，他慢慢发现没有了那个女孩的生活，依然可以活得很好。几年之后，他又遇到了一个温柔善良的女孩，并跟对方走进了婚姻的殿堂。那时候，李乐才清楚这几个字的魅力所在。

当我们遭到命运的撞击时，都会本能地将困难放大，很多时候我们就是被这种放大的困难吓倒，失去了前进的勇气。

人们往往在遭遇了一次又一次的重大打击之后，才猛然发现竟然在不知不觉中变得如此坚强。命运将一个个名为“打击”的礼物送到人们面前，当你觉得这是个礼物的时候，它就能成为你的礼物，让你不断蜕变；如果你只是觉得它是个打击，就是来伤害自己的，并开始不断抱怨上苍的不公，甚至一蹶不振，那么它就是个伤害你的武器。

人生没有过不去的坎，只有过不去的人，所有苦难在岁月里都会变成过往。

不去纠结苦难，就能引发奇迹

一片叶子，它无法控制风的方向，更无法控制季节的变迁。人，也不过是一片叶子，即便到了最茂盛的季节，也依然无法预知是否会遭遇风暴的洗礼。在命运面前，我们都太过卑微。不过我们也没必要为此而苦恼，就像里希特说的："苦难犹如乌云，远望去见墨黑一片，然而身临其下时不过是片灰色而已。"

当人生的凄风苦雨袭来时，抱怨和纠结绝对无法改变现状。其实，苦难就像是乌云，当我们勇敢地与它直面的时候，就会发现它不过是灰色而已。它远没有我们想象的那么不可战胜。

艾特在圣诞夜跟一位朋友开车前往犹他州，他要去看望自己的未婚妻黛丽丝，并准备跟她商讨一些婚礼细节。还有不到一个月，他们就要步入婚姻的殿堂了，这让艾特既兴奋又有一些小紧张。

"你马上就要失去自由之身了。"朋友打趣道。

"是啊，你一定是在嫉妒我，毕竟我娶到了世界上最好的女人。"艾特一脸笑意地回复道。

两人聊了一会儿结婚的话题之后，艾特让朋友来开车，自己打算睡一会儿，他对朋友说："兄弟，我太累了，从定下婚期就开始忙个不停，我想先睡会儿，等快到了的时候记得叫醒我。"

朋友答应之后，他就进入了梦乡。

不知过了多久，艾特突然感受到了一阵猛烈的撞击，然后是一串刺耳的声音。他努力睁开眼睛，不知自己身在何处，只感觉全身剧烈疼痛，没一会儿就失去了意识。又不知过了多久，他听到有人在呼唤自己的名字，可是还没等他清醒过来，他的世界又变成了黑色。

他做了一个很长很长的梦，梦见自己跟未婚妻开始了属于他们的二人旅行，一切都那么美好……突然，一阵刺骨的疼痛向他袭来，所有美好的景象都消失了，他从梦中惊醒了过来。

“上帝啊，他醒过来了。”艾特看到母亲正泪眼婆娑地看着自己，未婚妻黛丽丝也满脸泪水地围了过来。

经过母亲与黛丽丝的讲述，艾特才知道自己到底经历了怎样一件事。自己在车上睡着一个半小时之后，在夜里行车的朋友突然也睡意来袭。汽车撞到桥台上，爬到了顶部，然后又从上面滚了下来，他被甩出了车外，医生说他下半生都要在床上度过，因为他胸部以下全部瘫痪了，就连脖子也被撞坏了。不相信现实的艾特拼尽全力想要动动自己的手臂，失败了；他又尝试动动腰部，也失败了；他又想要动动腿，还是失败了。他觉得眼前的一切一定是场梦。不过几天后，他就认清了眼前的现实。在认清现实之后，他陷入更深一层的绝望。全身瘫痪的自己别说是结婚，恐怕连自己都养活不了。他每天这样想，越想就越绝望。生活成了无底洞，黑暗且深不见底，这辈子只能一直往下掉，直到死去。

“我真想死去。”他绝望地对父母说。

“不，艾特。你向来喜欢做有挑战的事情，现在的苦难不过是上帝给你带来的挑战。你看你身体还有7%可以工作，你还有头脑，能够思考和出主意。上帝的目的就是为了让你能够活着迎接挑战。”母亲笑着告诉艾特。

听到母亲的话，艾特感觉在黑暗里找到了一束光。他开始积极地配合治疗，出院之后，也积极配合康复治疗。他甚至去驾校重新学习开车，一年半之后，他可以开着经过特殊改良之后的汽车到想去的地方去，而且更让他惊喜的是，他的右臂慢慢有了一些知觉，甚至能做一些轻微的活动。不仅如此，他还能很好地照顾自己，不需要别人的帮助。更值得让他高兴的就是，黛丽丝一直等着自己，等他恢复自信之后，黛丽丝就成了他的新娘。

几年之后，艾特拥有了自己的公司，并当上了专业评论员，出版了带有自传性质的书——《奇迹如此发生》。1992 年，他还入选了由 6 个州区所评选的年度最佳青年企业家。同年，他的妻子黛丽丝被评选为犹他州小姐，不久后又获得美国小姐季军。1994 年，艾特被《成功》杂志评选为年度最励志人物。还有一件事不得不提，艾特与黛丽丝有了两个爱情的结晶，一儿一女给艾特带来了不少欢乐。

除了家庭事业双丰收，艾特还找回了自己最喜欢的体育运动，他不仅学会了游泳、潜泳、滑翔跳伞，还重新学会了滑雪。1993 年，他参加轮椅竞赛和马拉松，以及从盐湖城到圣乔治城的 32 英里长跑竞赛。艾特渐渐成为美国人心中的残疾人英雄，他的事迹被媒体争相报道。

艾特之所以获得成功是因为他没有去纠结于苦难，而是记住了母亲的话，重新点燃了希望之火。在困难面前，有太多人还没开始尝试就已经弃权，说不可能。其实没人能够规定谁的未来，所有的未知都需要你自己去摸索。不要着急去说不可能，尤其是在没有尝试之前。哪怕尝试之后结果依然不尽人意也不要紧，最起码你尝试过了，这条是个死路，下次就知道不能走这里了。

所有的奇迹都不是一蹴而就的，当你一点点地去挣扎、去尝试、去了解之后，你也就越来越接近目标，如果在苦难面前一味地抱怨、纠结，那么你一辈子都别想从苦难中走出。

你辜负了生活，糊弄的终究只是自己

经常听到周围的人抱怨生活，觉得自己现在的生活简直是在浪费生命，可是又不想改变。人们就是这样，在掌握着生命的主权的时候，往往会肆无忌惮地浪费，觉得浪费了今天还有明天可以补救，浪费了明天还有后天来弥补，反正有的是时间，偶尔放肆挥霍一下也没什么大不了的。等到跟别人有了落差之后，又开始抱怨，开始纠结为什么别人会有如此大的成就，而自己却一无是处。我们总是打着为自己好的幌子，干着会伤害自己的事情！

很多人知道程浩，在他离开这个世界的日子——2013 年 8 月 21 日，很多网友在网上自发地发起了悼念活动。他是谁？显然不是什么明星，也没取得过什么耀眼的成绩，很多人从网友的悼念信息里才知道他的经历，他的故事被称为是“知乎上最激励生者的故事”。

人们在悼念微博中都提到了他曾经在知乎上回答了一个看似调侃的问题：“你觉得自己厉害在哪儿？为什么会这样觉得？”

这个问题有近三百条的回答，有人说自己“谈个恋爱，在家人反对了十年，周围人都不看好的情况下，今年终于要走进婚姻的殿堂”；有的说“大学四年，自己赚钱，带着最亲的人北京一周游！”……

“以上回答全都弱爆了，还是看看我的吧！我自 1993 年出生后便没下地走过路，医生曾断定我活不过五岁。而就在几分钟前，我还在用淘宝给自己挑选二十岁的生日礼物。”程浩好像是在讲述别人的故事一样，平静地叙述自己走过的人生，但是开篇就足够给人以震撼。

从他的回答之中，人们知道这个少年自幼就忍受着病痛的折磨。“在同龄人还在幼儿园时，我已经去过北京、天津、上海等大城市的医院。在同龄人还在玩跷跷板、跳皮筋的时候，我正在体验着价值百万的医疗仪器在我身上四处游走……二十年间，我母亲不知道收到过多少张医生下给我的病危通知单。”

一个让人唏嘘的人生，但是当人们的同情之心开始升起的时候，他却淡然地写道：“命运嘛！休论公道！”

在回答的最后他说道：“我不是张海迪女士那样的励志典型，也不是史铁生老师那样的文学大家，我只是一个普通的‘职业病人’。但是我想说，真正牛的，不是那些可以随口拿来夸耀的事迹，而是那些在困境中依然保持微笑的凡人。”

之后，程浩在知乎有了自己的专栏，开始帮助很多人解答他们的困惑，成为正能量的传递者。

就在程浩过世6天前，他还发表了一篇名为“地狱在身后”的文章，他在里面论述了活着的意义，他说：“活着什么也不为，就是为了活着本身而活着……人们的坚持，往往不是因为相信未来，而是他们不想背叛过去。也许我们无法明白‘活着’的意义，但是我们已经为‘活着’付出了太多代价；也许我们无法实现自己的梦想，但是我们已经为梦想流下了太多泪水。我们能做的，仅仅是在这条路上走得更远，绝不能回头。天堂未必在前方，但地狱一定在身后。”

这篇文章开头他说自己感冒了，没想到5天后这场感冒夺走了他挣扎了20年的生命。他走得如此匆忙，让所有人都猝不及防。

从程浩的回答中，人们知道他很喜欢读书与写作，事实上，这也是作为“职业病人”的程浩唯一能够做的事。在很多人的印象中，既然是重病患者，就应该老老实实地躺在病床上，等待死神的召唤。可是程浩偏不，小时候，他在家教的帮助下，学会了拼音；在妈妈的教导下，拿着《新华字典》来识字。他在网络和电子书的帮助下，开始了阅读。在他去世之前，他规定自己每天都要保持十万字的阅读量。另外，他还坚持写作，虽然因为双手无力，无法敲击键盘，但是他还是会依靠用鼠标点击屏幕上的软键盘的方式来达成自己的写作目的。很多网友都问他，你读那么多书干什么？程浩老实地回答："虽然我不知道自己为什么要读书，但是，我觉得这是认真生活的表达方式。"

"认真"两个字说得真好，估计很多人在听到这样的回答的时候，都应该羞愧地低下头，因为相比之下，我们把自己的每一天都过得太奢侈了。因为没有了生命的紧迫，所以放松了对自己的要求，将日子过得稀里糊涂的人不在少数。可是在程浩的故事面前，我们是不是有种觉醒呢？在程浩看来，他最大的努力就是活着，是"一觉醒来的幸福"，但我们不一样，我们的人生都比他要长，他都不去计较自己受到的苦难，不敢去浪费一分一秒，我们又有什么权利去轻易而粗鲁地对待自己的生命呢？

我们应该在了解自己的基础上，分析出自己想要什么，然后去追求。每个人都可以成为认真生活的人，只要你愿意。

人哪，一旦认真起来就能发现一个超常发挥的自己，只要去认真对待，所有事情都会变得有趣且有意义。你在纠结于那些苦难，纠结于那些琐碎的小事的时候，不妨问自己一个问题：现在我在认真对待自己的生命吗？

一切苦难，都有深意

很少有人能够一帆风顺地走完自己的一生。人们总会遇到一些痛苦和折磨，并从中寻找到自己的灵魂。没有深夜痛哭的人，不足以谈人生；不敢穿过黑夜的人，永远不能迎接黎明。苦难，总会带给人们一些思索，指引人们去寻找自己心中的那束光，然后在光的指引下前行。

每个人都知道贝多芬，但很少有人知道贝多芬是个精神受挫，有些神经质的人，他的一生都饱受内心矛盾的折磨。一方面，他对人性有着极其理想化的解读，另一方面他本人又是个不合群，易怒且分裂的家伙。他像很多处于纠结状态的人一样，常常被自己的行为所折磨。

贝多芬有一个并不怎么幸福的童年，父亲约翰是一位普通且酗酒的教堂音乐师。在贝多芬四五岁的时候，他就在父亲的逼迫下开始参加音乐培训。父亲对贝多芬的教育是野蛮的、带有虐待性及人格侮辱的。后来当贝多芬在音乐方面的才华慢慢崭露头角的时候，他更成为父亲的牟利工具和炫耀资本。母亲是个经常忽略孩子的人，从未保护儿子免受虐待。这样的成长环境之所以没有击垮贝多芬，是因为音乐为他提供了一个内心世界，可以保证他在其中不受伤害。

也正是因为对音乐的热爱，贝多芬在 15 岁的时候就成为钢琴名家，不到 20 岁，就成为欧洲继莫扎特之后最杰出的钢琴家。贝多芬曾在日记中写道：“你静静活在你的艺术中，因为你被现实如此这般地束缚了。

艺术是你唯一的存在。”一个人一旦明白了自己生存的意义，他就会坦然地面对挫折。

到了 25 岁，当贝多芬正处于事业上升期的时候，一个厄运降临到了他的身上——他正在慢慢失去听觉。他完全无法预料，这样的变故会对自己的音乐事业造成什么打击。随着病情的加重，他也越来越焦虑、恐惧，并日益压抑自己。

在经过多次治疗无效以后，他开始崩溃了，甚至开始考虑自杀，有一段时间，他都处于自杀的边缘。

不过也正是这段时期，让他进一步去触摸自己的灵魂。在摸清自己内心的想法之后，他选择活下去。他发现了痛苦与使命之间的联系，于是他给自己的痛苦赋予了意义。

他发现自己创作的力量大于痛苦的折磨，并且自己的创造性力量是坚不可摧的。“严冬里，我终于发现我的体内住着永不消逝的夏天。”贝多芬说。经过这次折磨之后，他变得豁然开朗，不再叛逆，他全心全意地活在了自己的音乐里。在耳聋带来的伤痛中，贝多芬的创作灵感却不断地涌流而出。这虽然无法治愈伤痛，却让伤痛开始变得有意义。

每个人都能从痛苦中发现一种方法，使得自己能够认识内心、呈现内心，以便获得拯救，明白对我们自己而言最重要的事情是什么，让我们在与痛苦的较量中可以获取胜利。

当你也在面临痛苦或者困难的时候，不要害怕也不必恐惧，这是一次精神升华的过程。当你跨过了这道关卡，你的内心就会得到升华，很多事情也会逐渐看开，不再纠结。困难就是这样，要么一下子把你打垮，要么被你一下打垮。

面对嘲笑，保持一颗平常心

在追求美好的道路上，挫折和痛苦是在所难免的，别人的讥讽与嘲笑也是在所难免的。面对讥讽与嘲笑，有些人会一直放在心上，纠结来纠结去，将别人的话想了又想，越想越想不开，想不明白，最终被其打垮；而强者则会将嘲讽甩在身后。

广州姑娘曾晶，身高1.6米，体重却有220斤。过于肥胖的体型，让她受尽了人们的冷嘲热讽，有人会说："都长这样了，就别出去吓人了。""你还真是一个吉祥物啊……"

面对这些冷嘲热讽，曾晶不仅不为所动地大大方方地出门，还有一个远大的理想——当模特。她立志要成为"中国第一肥模"。为了能够实现这个理想，她还跑去拍了肥模写真，然后将照片发到了网上。

曾晶天生很有镜头感，她的写真风格多变，有的沉着冷艳、有的妩媚动人、有的活泼、有的火辣。除了照片中散发着迷人的自信之外，在言谈举止中，人们更能感受到曾晶的自信，她曾说：“我从不在乎别人怎么看。健康、快乐、幸福最重要。”

之后，国内各大论坛网站纷纷转载了她的写真，其中最火的一个帖子点击量高达46万，随即曾晶的自信也得到了网友们的大力支持与赞赏。

很多时候，当别人的嘲讽向我们袭来的时候，难免会不知所措，这时候，我们不妨以更加自信的态度去化解。当你自信地去展现自己的时候，你就成了黑夜里的一束光，让人忍不住地去注视，去感受你的光亮。即便没人认可，但是至少你对得起你自己，毕竟你活着并不是为了让别人评价的。

我们在为被人嘲笑而纠结的时候，不妨去想一想他人为什么会打击自己。他们的目的不正是想要看到你狼狈不堪或者气急败坏的样子吗?如果你对这些嘲讽与打击毫不在意，就会让他们的目的落空，自乱阵脚。遇到嘲讽，不要回避，那是懦弱无能的表现；也不要纠结不已，那样只会让打击你的人扬扬得意。坦然去面对，用行动证明自己，才是最佳的选择。

北宋名臣侯蒙年轻的时候曾多次在科举考试中名落孙山，再加上他相貌丑陋，常常被人嘲讽。

一日，一个人将他的丑相画在了一只风筝上，打算对其羞辱，还让他来观看。侯蒙非但没有为此生气，反而哈哈大笑，还让人将风筝落下来，在上面题了两句诗：“几人平地上，看我碧霄中。”

本一心想要让侯蒙出丑的人，在看到这两句诗之后，反而为侯蒙的才华和气度所倾倒，对其肃然起敬。

侯蒙若是与放风筝的人争辩，或者逃回家中，那便正中了想要嘲讽他的人的圈套，成为别人的笑柄。可他坦然面对，并以诗句言明自己的高远志向，令那些本来想嘲笑他的人折服。

在人生这条道路上，难免会遭到别人的嘲笑。面对嘲笑，不要自怨自艾，要学会以一颗平常心去面对。

面对嘲笑保持平常心，是人们对自身有着深刻的了解的表现。能够做到这一点的人，往往能懂生活，做事张弛有度，拿得起、放得下，不会因为一点儿小事就一直耿耿于怀。在人生的道路上，让自己随时保持自信、乐观开朗，这是人生的大智慧。

不要让一时荣辱左右自己

《幽窗小记》里有这样一副对联："荣辱不惊，看庭前花开花落；去留无意，望天空云卷云舒。"寥寥数语，就道出了人们对名利、荣辱、得失所应持有的态度。现在的人之所以总觉得疲惫不堪，主要就是太过注重得失了。

在2016年里约奥运会男子400米自由泳赛场上，中国的运动员孙杨被寄予厚望，但是最终孙杨以微弱的差距摘得了一枚银牌。

这不是让孙杨难以忍受的事情，毕竟赛场总会有输有赢，让孙杨难以接受的是，他遭到了获得金牌的澳洲选手霍顿的人身攻击。霍顿在比赛结束之后，在接受采访时表示，"因为孙杨是一名使用过兴奋剂的选手，而我拒绝与一切'涉药'的运动员交往"。在当晚的新闻发布会上，霍顿更是当着孙杨的面称孙杨是个兴奋剂选手。

霍顿一而再再而三地称孙杨是兴奋剂选手，那么孙杨真的使用了兴奋剂吗？当然没有，这一切都不过是霍顿的诬陷。孙杨虽然2014年仁川亚运会前夕曾有过“涉药”经历，并被禁赛处罚3个月，但是很快那起“涉药”事件就被证明是孙杨在吃治疗心脏病的药时没注意里面的成分，造成的误服。在禁赛期满之后，孙杨已经恢复清白。

那么霍顿为什么要诬陷孙杨呢？其实原因很简单，他就是想要通过舆论来给孙杨造成心理压力。这一点，在之后霍顿接受媒体采访的时候也得到了证实。霍顿自己也表示，自己对中国选手孙杨的攻击性语言并非是临时起意，而是“深思熟虑的策略”。

霍顿的做法无疑是卑鄙的，他虽在比赛中赢得了金牌，但却胜之不武，失去了一个优秀运动员的品德。而孙杨，在霍顿的言语侮辱的压力下，并没有让其影响自己的情绪，静下心继续训练，为自己几天后的200米自由泳比赛做准备。

孙杨迅速调整心态，没有一直将上一场比赛的结果挂在心上。熟悉孙杨的人都知道，200米并非他擅长的项目。在决赛当天，入水之后，孙杨一度处于落后位置。在最后一个转身后，孙杨起腿发力，从第三位一路追到首位，并以1分44秒65勇夺金牌。

赛后孙杨说，这是他最想要的一枚金牌。“我一直是第二，这次是个突破，短距离项目我也更有信心了。”

与伦敦奥运的两金一银一铜相比，里约的一金一银稍显黯淡，但对24岁的孙杨而言，里约是一个新的开始。拿下200米自由泳冠军之后，孙杨显示出了更高远的雄心。

“荣辱不惊，去留无意”说起来容易，做起来却绝非那么简单。我辈皆为凡夫俗子，世上纷纷扰扰，总会让我们原本平静的水面泛起波澜。不过我们要明白，不管取得怎样的成绩，或者遭遇怎样的失败，都将成为历史，都是无法逆转的，我们要的是珍惜当下，去做好自己，这样才能迎来更好的明天。同时只要我们努力过、奋斗过，做着自己喜欢做的事情，结果就没有那么重要了，外界的评说也没那么重要了。

一时的荣辱没什么大不了的，轻松去面对它、接纳它，你就能给自己赢得一个崭新的世界。

测试

你是否会因为遭遇挫折而纠结

1. 在发生让人焦虑不已的事情时，你通常的表现是什么？

A. 完全无法集中精力去继续做事

B. 不会受到影响

C. 介于两种情况之间

2. 当你所讨厌的对手出现的时候，你会怎么样？

A. 只凭冲动做事，无法控制自己的情绪

B. 懂得克制自己，理智面对

C. 介于两种情况之间

3. 当遇到挫折或者失意的时候，你会怎么样？

A. 果断放弃

B. 吸取教训，重新开始

C. 介于两种情况之间

4. 当事业的发展出现阻碍的时候，你会怎么样？

A. 一直担心，无法集中精力

B. 认真观察，解决问题

C. 介于两种情况之间

5. 当你因为做得太多而感觉疲惫的时候，你通常的表现是？

A. 无法思考下去

B. 坚持工作

C. 介于两种情况之间

6. 所待的地方，条件很简陋，通常你的表现是什么？

A. 一直纠结于条件，无法集中精力做事

B. 克服一切，积极去改善现状

C. 介于两种情况之间

7. 当人生陷入低谷的时候，你通常会如何？

A. 任其发展，懒得挣扎反抗

B. 积极奋斗

C. 介于两种情况之间

8. 当出现难以解决的问题的时候，你通常的表现如何？

A. 会十分沮丧，觉得很挫败

B. 想办法做好

C. 介于两种情况之间

9. 面对一个难题或者自己不愿意做的事情的时候，你通常会如何？

A. 直接拒绝它

B. 想方设法将其做好

C. 介于两种情况之间

10. 在面对很大的挫折的时候，你通常会表现如何？

A. 彻底绝望

B. 吸取教训再接再厉

C. 介于两种情况之间

测试规则说明：

选 A 不加分，选 B 加 2 分，选 C 加 1 分。

测试结果解析：

0 ~ 9 分，在面临挫折打击的时候，往往会自暴自弃，在挫折的深渊里情绪低落，越陷越深，总觉得自己被不公平对待。

10 ~ 16 分，在面对挫折打击的时候，有一定的承受能力，不至于让情绪太过低落，但也会小小地纠结一下，不过会很快从这种纠结中挣脱出来。

大于 17 分，面对挫折打击，你有很强的承受能力。通常不会纠结，而是会理性客观地去看待困难，就算纠结也不会持续很久，能够快速从纠结中挣脱出来。

第八章 屏蔽对『认同』的追求，以平常之心爱自己

我们都曾期待着获得外界的认可，不过到了最后都会明白：世界是自己的，与他人无关。不纠结的人懂得，不执着于外界的认可，活出自己。

你没有那么多观众，别让自己活得太累

从某种程度上来讲，人们害怕被注视。可是有时候，人们还是会不自觉地注意自己的一举一动，注意他人的眼光，活得十分警觉，防止自己出现任何纰漏，仿佛犯了点小错，就会万劫不复。其实，你的心跳只有自己能听见，别太高估你内心思想活动和情绪的透明度了，别太把别人当回事，也别太把自己当回事。

也许你在上台演讲前，会紧张得不知所措。你虽然练习了无数次，但还是完全没有自信。“台下的观众为什么会笑？难道我哪里出错了。天哪，我真想找个地缝钻进去……”台上的你思虑不断。实际上呢？并没有那么多观众关注你，即便你登上了最耀眼的地方，跑到了聚光灯下，还是会有一些人因为对内容不感兴趣而窃窃私语，因为一些事情没注意到台上的你。

心理学家使用术语“想象的观众”去描述这个高度警觉的状态。有些人总会虚构一些观众，在注视着自己、研究着自己，在不断地寻找自己身上的问题。因此他们心中满是忧虑，生怕自己在众人面前出丑，或者有人故意刁难自己。或者觉得自己在群体中充当着无可替代的角色，组织一旦离开了自己，就会陷入瘫痪。实际上，这个人并不存在，一切都不过是你臆想出来的，你也没有想象中那么重要，值得那么多人注意。

有个人，四十多岁的时候才创业成功，每天总是一副神采奕奕的样子，脸上看不出一丝倦意。可是妻子了解他，每次一回到家，他就无精打采，有时候累得连话都不愿意说上一句。全家人都劝他，要懂得适可而止，要注意劳逸结合，但是教科书式的劝诫并没起到任何作用。他那根紧绷的弦也没有松弛半分。他总说："我这一大摊子买卖，怎么能说放下就放下呢？"

上天的一次安排，让他转变了这样的想法。那是一年春天，在全公司体检的时候，他的体检报告单告诉他，他的身体亮了红灯。一个猝不及防的消息，打乱了他的计划，他只能让自己繁忙的工作紧急刹车，住进了医院。这下子，他什么都放下了。在医院整整住了一个月，电话也被家人没收了，也谢绝任何人探望。家人陪着他聊天，看医院后面的风景。半个月之后，他的复查报告出来了，在检查中发现的肿瘤最终确认为良性肿瘤，只要做个简单的小手术就好了。他和家人悬着的心，也放了下来。

手术结束之后，还没好利索，他就投入到了工作中去。他在上班前一天还在责怪家人，认为公司一个多月没有了自己的管理一定乱成了一锅粥。结果当他到公司之后，才发现公司运营一切正常，业绩很好，员工表现优异，高层领导们也在尽职尽责地工作。那天，他准时下了班，回到家之后，睡了一个舒服的觉。从此之后，没有紧急事情他不再加班，因为他发现有些时候，把自己这根弦绷得太紧，反而容易让自己这根弦崩断。

我们都不是明星，没有那么多的观众。我们每天并没有在比赛，没必要时刻都紧绷着自己。与比赛不同，人生并不是为了能够以最快的速度到达终点。不要让自己被自己绑架，做一场心惊胆战的自我较量——最后不管输赢，输掉的都是自己。

那位生意场上的朋友，现在的日子过得很是悠闲。换种活法，你的世界可能会敞亮很多。在这个世界上，没有谁离不开谁，也没有人紧抓着你不放。别让自己活得那么累，轻松些，也许得到的东西会更多。

为了面子坚持错误，是最没有面子的事情

“一定得选最好的黄金地段，雇法国设计师……楼里站一个英国管家，戴假发，特绅士的那种，业主一进门儿，甭管有事儿没事儿都得跟人家说‘May I help you sir？’一口地道的英国伦敦腔儿，倍儿有面子。”这是电影《大腕》里的一段经典台词，引人爆笑之余，也不难看出人们关于面子的心理。

中国人常说：“人活一张脸，树活一层皮。”可以看出，中国社会对人的约束除了道德和法律之外，还有一个重要的因素就是脸面。林语堂在《吾国吾民》中认为，统治中国的三女神是“面子、命运和恩典”。“讲面子”是中国社会普遍存在的一种民族心理，面子观念的促进，反映了中国人尊重与自尊的情感与需求，但过分爱面子就会形成一种不理智的心理，如果任由其发展，后果将不堪设想。

有时候不为面子所限，敢于直面自己的错误与缺陷，更能赢得别人的尊重。不仅可以让自己摆脱尴尬，还会让人觉得你是个真诚的人。

遗传学家弗朗西斯·柯林斯（Francis Collins）曾被牵连进一桩造假事件中。当时他正担任美国国立卫生研究院人类基因组研究所的所长一职，他所在的实验室的一位医学/哲学双博士学生的一篇论文在投稿时被退稿，原因是杂志社认为其论文中有盗用他人的部分。

知晓这件事之后，柯林斯迅速对这名学生的论文进行了深入调查，

并确认了对方剽窃的事实。于是，他马上写信到该学术期刊表示道歉。与此同时，他迅速与该学生曾经刊发论文的其他期刊获得了联系，并发出了撤销过去论文的声明。另外，他亲自写信给与该学生研究领域相同和相近的2000余名科学家，对造假给他们带来的不良影响表示道歉。最后他还开除了该学生。

毫无疑问，这件事给柯林斯及其实验室造成了一定的负面影响，不过当人们看到他主动认错、果断行动的时候，科学界反而对他和他的实验室的做法表示出了赞赏。

很多人都误将面子当成是尊严来维护，其实真正的尊严是你自己的正直品性，是你好的一面。所以尊严的维护和面子上过得去过不去并不是一码事。很多时候我们需要宁可丢面子也要维护自己的尊严，而不是相反，为了面子而不顾自己的尊严。美国另外一名著名分子生物学家、诺贝尔奖得主戴维·巴尔的摩就没能弄明白这一点。

戴维·巴尔的摩曾担任世界顶尖的白头研究所（Whitehead Institute）的所长，是国际生命科学界的领袖人物之一。他在担任洛克菲勒大学校长期间，曾被牵涉到一起造假事件之中。

巴尔的摩的一个项目合作搭档——塔夫磁大学的一名日本籍的女教授，被她的一个博士后揭露，其所发表的一篇论文中的数据造假。这件事其实跟巴尔的摩并没有直接的关系，他跟对方不过是合作关系。但是他却被卷入到了这件事件之中。

在明知女教授犯错的情况下，他依然为女教授辩解称，科学文章出现错误是时有发生的事情，并不能认为有错就是造假。后来事态日益严峻，以至于美国国会成立了一个调查组专门调查此事。而巴尔的摩觉得自己在之前支持了女教授，那么不管发生什么情况，为了面子也要坚持支持下去。所以他表现得更加强硬，他甚至质疑说国会调查属于政治干预学术行为。种种行为，让人瞠目结舌。

因为事情越闹越大，洛克菲勒大学校董会决定，一个争议性的、有着污点的学者并不适合担任一所著名大学的校长，由此导致巴尔的摩被迫辞职。

一个好的道歉可以使一场危机变成一个成功的机会，同时也能展示出一位优秀领导人的人格魅力；而死要面子不道歉则可能自毁前程。

当我们存在过错的时候，不管别人怎么批评、嘲讽甚至侮辱，都不要放在心上，都不要去纠结面子问题，守着可怜巴巴的面子不放。成大事者，往往会把面子放在一边，继续自己的奋斗。

过分爱面子说到底不过是爱慕虚荣的一种表现，只要一切看开，一切皆可一笑置之。

不把自己装在别人的套子里

“我要不要像他那样？”总有人会陷入这样的纠结之中。为此，他们整天将自己装在别人的套子里，直到有一天发现自己已经面目全非了。

住在美国北卡罗来纳州的米歇尔太太曾经十分敏感内向。她身材偏胖，加上肥嘟嘟的小脸颊，让她显得更胖了。她有一个很刻薄的母亲，觉得女孩子就应该漂漂亮亮的，但是自己的女儿总是会把衣服撑破。米歇尔太太从小就极力去搞好自己的学习，积极参加聚会，但是每次都会被人奚落。后来慢慢地，她开始自卑起来，拒绝了所有聚会的邀约，也不去主动结交朋友。长大之后，米歇尔太太的情况并没有好转。她嫁给了一位大她几岁的丈夫，丈夫很稳重且自信。丈夫一家很好，每个人都充满自信，她也试着像他们一样，不过到了最后她发现自己还是做不到。她缩在自己的壳子里，变得焦躁不安，越来越敏感易怒，害怕见朋友、亲人。每次跟丈夫参加聚会，都会尽量去模仿其他女士的打扮、动作和表情，因为她害怕被别人认为是个异类，但是常常因为模仿别人，让自己累得半死。

后来，丈夫偶然的一句话改变了她的一生。在跟丈夫讨论如何教育孩子的问题时，丈夫说："我觉得要教会孩子，不要去试图讨好所有人，坚持自己的本色才是最重要的，比如我觉得你安安静静的样子就很美……"丈夫的一句话，让她茅塞顿开。从那以后，她开始去化解外界给自己的压力，坚持自己的本色，寻找自己的爱好，认清自己，而不是去刻意讨好他人。

后来，米歇尔太太回忆道："仿佛一夜之间，我整个人都改变了。我开始保持本色，不再去模仿任何人。开始去挖掘自己的个性、优势，学习了色彩与服装搭配相关的知识，尽量用自己的方式去生活。我现在过得很开心。"

米歇尔太太的转变告诉我们，模仿他人，往往只能失去自我。在古代，"东施效颦""邯郸学步"等典故，早就警告人们不可盲目地去模仿他人。每个人都是独一无二的，模仿他人只会扼杀自己。

著名心理学家威廉·詹姆斯认为，那些没有发现自己的人，通常只能发展自己 10% 的潜能。人们具有各种各样的能力，却习惯性地不懂得如何运用。

每个人都是独一无二的，有着其无可替代性，所以我们不必模仿他人，而应时时保持自己的本色，发挥最好的自己。不论好坏，你都得自己创造自己的小花园；无论好坏，你都得在生命的交响乐中，演奏自己的乐章。

试着将家人的期待调成静音

几乎所有人都会打上亲人的烙印，在不知不觉中被亲人所影响。就连三毛也无法摆脱这样的困扰，她的《朝阳为谁升起》一文刊出，父亲读过之后留下了纸条："这是近年来，你写出的最好的一篇文章。"三毛看到父亲的留言，知道父亲终于肯定自己，激动得涕不成声，她写道："我一生的悲哀，并不是要赚得全世界，而是要请你欣赏我。"

每个人都想要在坚持自我的路上得到家人的支持，但是并不是所有人都有这样的幸运。当想法与家人相左的时候，人们有时候常常会陷入一边想要坚持自我，一边又想要得到家人的支持的纠结之中。

"我们终此一生,就是要摆脱他人的期待,找到真正的自己。"这是《无声告白》这本书腰封上的一句话，引人深思。

《无声告白》中的女主角玛丽琳，一直想要摆脱母亲的期待，不去做像母亲一样的家庭主妇，而是想要成为一名医生。当这个愿望因为与华裔丈夫詹姆斯·李相遇并结婚生子而打破之后，她把这种期待加在了女儿莉迪亚身上。莉迪亚是家中的老二，李先生和李太太的掌上明珠，她遗传了母亲的蓝眼睛和父亲的黑头发。父母深信，莉迪亚可以去实现他们无法实现的梦想。尤其是母亲玛丽琳，她把莉迪亚当成了另外一个自己，强行要求女儿喜欢理科，并希望她能够成为一名真正的医生。为了讨母亲的欢心，也担心母亲会离自己而去，于是莉迪亚努力地去扮演父母期待中的乖孩子。

父母沉重的期待，种下了莉迪亚悲剧的种子，而生活中的阴差阳错一次次将她推向了绝望的深渊。她每天都强颜欢笑，假装喜欢理科，假装与同学保持着不错的关系……她每天不得不戴着面具生活，虽然她内心十分抗拒。父母的期待，让她忘记了自己喜欢什么，想要过怎样的生活。因为这种爱太沉重了，让她开始不堪重负，开始怨恨……最后，她选择用自杀来结束了自己纠结的一生。

每个人都是一座孤岛，处在与他人完全不同的世界。每个人都有自己的人生轨迹，我们不能强求他人去认同，哪怕那个人是自己的父母。

你不是一台机器，不用按照别人的操作而行动。尝试着去摆脱他人的期待，活出自己的光芒，不要让别人成为你的太阳，你要成为自己的太阳。我们来到这个世界上，从来不是为了成为父母的“续集”，也不是为了成为儿女的“前传”，更不是朋友的“番外”，而是为了演绎自己。

每个人都是独立的个体，都有着无法替代的一面。当我们挣脱了父母的期待，去寻找自己的时候，有些纠结便就此终结。当你心中有了目标之后，并确定这个目标是正确的之后，记得勇敢地去活出自己，哪怕站在你的对立面的是你最亲的人。

不要去追求所谓的“认同”，去询问自己内心的声音，毕竟你是自己的代言人。当你把自己活成自己的时候，你才能问心无愧，才能去支配自己的人生。

我们是在做自己，还是在任性？

人们的想法常常会在“我要做我自己”和“我是不是太过任性了”这两点之间摇摆不定，纠结不已。

年轻人的想法往往就像是六月的天气说变就变，一会儿觉得自己要做件惊天动地的大事，一会儿又觉得太过幼稚，想法太过天真，把问题想得太过简单，还需要再考虑考虑。我们有时也搞不懂自己到底是在坚定自我，还是在任性？

简单来讲，“做自己”与“任性”其实是有很大不同的，但是因为人们不清楚其中的界限，所以不断地在纠结。如果你也处于这样的状态，不妨从以下方面去判断一下自己的行为，看看自己是在“做自己”还是在“任性”：

1.“任性”会让你的内心越来越焦虑，而“做自己”则会让你慢慢开始平静

“做自己”是响应内心的召唤，而“任性”则是单纯地想要抵抗世界，来一次以牙还牙的报复。所以当你怀着一种以牙还牙的心态去做一件事的时候，其实不过是在任性。

2.做自己是直觉，而任性往往是一时冲动

在心理学研究中发现，“做自己”是直觉与冲动之间的区别。当我们看到事物的第一反应往往是冲动，之后当我们冷静下来吸收了大量的信息，在情绪和理智充分融合之后，突然超越逻辑冒出来的东西，才是直觉。

当我们面对一个没有见过的事物，如果本身没有深刻地去了解这件事，没有在这件事里反复来回痛苦，那么大都是任性而已。

我们可以通过著名大提琴演奏家马友友的故事来分析这一点。从出生那一刻，马友友就被在华尔街做经济研究的父母设计好了人生——当一名出色的经济师。当马友友还没学会讲话的时候，他就开始认数字，所以马友友开口说的第一句话并不是叫“爸爸妈妈”，而是“一二三……”。在他两岁的时候，父母就开始教他算术。因此读小学期间，他一直是学校的“数学之星”，拿过很多数学竞赛的大奖，马友友的父母、老师和同学都为他而开心，但马友友自己觉得，这丝毫没有乐趣可言。

一天放学回家，因为眼看就要下雨，所以马友友从一条平常不走的小路抄近道往家跑。在一幢老房子外面，他听到一种极为美妙的音乐，这让他仿佛受到了灵魂的召唤。他停住了脚步，往院子里面望去，只见一位老人正在陶醉地拉着大提琴。从那一瞬间，马友友发现自己真正喜欢的东西并不是数学，而是音乐！

之后，老人发现了站在门口很久的马友友，并邀请他进门，还为他演奏了很多曲子，并讲了许多关于音乐的动人故事。从此，马友友迷上了音乐，虽然父母给他报了数学培训班，但是他常常会逃课跑到老人那里听音乐，学拉大提琴。很快，父母就发现儿子的数学成绩在下滑，并把他叫到了身边，对他说：“以前的事情，只要你改正就行了，以后，你一定要用心学好数学！”

“为什么一定要学习数学？”马友友反抗说，“我并不喜欢数学！这是我考虑很久的事情，如今喜欢上音乐更是这么觉得。”

“可是只有学好数学，你才能和我们一样做一位出色的经济师，甚至可以比我们更出色，成为一位伟大的数学家！”他的父母告诉他说。

“为什么一定要和你们走同一条路呢？我觉得音乐是最能让我开心的东西，而且我认为能把自己喜欢的事情做得更好，那样我会更开心！”马友友决定坚持自己的想法，自己的人生之路一定要自己来把握方向，绝不能让他人来操纵，哪怕是父母。

此后，马友友依然经常跑到老人那里学习音乐。最终，父母被他的坚持打动了，替他在一个音乐培训班报了名。到中学毕业的时候，马友友就在曼哈顿得了全市学生音乐会的一等奖，并前往哈佛大学就读。也就在这个时候，他的音乐名声逐渐大了起来，许多重要的交响乐团以及包括钢琴家伊曼纽尔·艾克斯在内的音乐大师都向他发来邀请，与他一起演奏和表演。

简单来讲，做自己是经过了深度而理智的思考的，是充分体验了情绪，长期沉浸于其中之后所做出的选择，而任性则是短时间内做出的反应，所以，在做一件事情的时候，想要判断自己是在遵从内心，还是在任性不妨问问自己：“如果一周、一个月、一年之后，我认真地去思考与体验了这个选择，我还会这样选择吗？”如果答案是肯定的，那么你做自己的概率就会大很多。马友友正是遵循了这一点，才发觉音乐是自己一生所追求的东西。

3. “做自己”所做出的选择不会让你后悔，而“任性”做出的选择则总是让你后悔

世上不是所有选择都是完美无缺的，就算是做自己也难免会有所疏漏，会面临失败，但是“做自己”与“任性”的差别在于，就算最后都是失败，做自己的人也不会选择后悔。他们会为自己的选择负责，坚定自己的选择。

除此之外，我们还要明白，不管你怎么解释，反对你的人总是会将他们不能理解的人或者事情，简单粗暴地归纳为任性。可是等你做成功之后，他们就会改口说你在坚持自己。因此判断你是在做自己还是在任性，是你自己的功课，很难从别人那里获取意见。

在做决定的时候，不要害怕来回纠结，人们往往能够从这些纠结中越来越了解自己，当你认识自己之后，才能提高自己，长成自己想要的样子。做自己是一件很难的事情，但是对每个人来说，是一件值得的事情。

不要因为欲求无法满足而心生不满

在生活中，我们常常会碰到这样的事情：跟朋友说想要一起去来个短途旅行，对方也表现出了一定的兴趣，而当自己打算马上将这件事敲定的时候，对方却说：“旅行？这个月有点忙，下个月可能还行。”对方含糊不清的态度，让你大为恼火，觉得对方不过是在为推脱自己而找借口，让你的自尊心大大受伤，干脆给对方扔上一句：“算了，不想去就别去。不就是旅行吗？没什么大不了的。”其实虽然对方可能确实兴致不高，但是没有说不去，而你因为对方没有跟自己抱有同等程度的热情，而陷入一种不安纠结的状态。

原因在于你认为出去游玩这个想法是非常棒的，并对其进行了周密的规划，对方只需要跟自己一起前往就够了，而对方却并没有看到你的付出，甚至对你的热情都没有回应，这让你的心情很不好，觉得对方辜负了自己。

比如当有人跟你提议，下班之后，我们一起去看电影吧，听说最近上映了一部不错的电影。如果你的回答是："好啊，我也正好想要看个电影放松一下呢！"这样的回答显然要比"看电影还是算了吧"这样的回答，让对方感觉更加舒服。因为对方觉得自己看电影的提议是十分正确的。

为什么我们总是希望通过别人来证明自己的正确呢？究其原因，不过是由于我们对自己的想法也不够自信罢了，因此我们迫切地希望通过别人来增加自己的自信。一旦这种欲望没有得到足够的满足的时候，我们便会产生自暴自弃的冲动。

在征得别人意见的时候，人们会变得异常敏感，就算别人没有反对，只是表现得兴致没有我们想象的那么高，我们也觉得对方不过是在敷衍了事，因此觉得还不如放弃好了。

一旦人们习惯于通过别人的认可来获取自信，将是一件十分危险的事情。虽然获得别人的认可可以让我们获得一时的心安，但是实际上只是一种治标不治本的做法，一颗小石子就可能激起你心中的惊涛骇浪，因为你的内心从未获得真正的安宁。

那些总是习惯于用成败来评价自己的人，对于外界的变化，性格会变得脆弱得不堪一击。不要去依赖这些条件，不被外界的变化所左右，以一颗平常心去对待，是真正意义上的不动摇。

不管得到了什么，取得了怎样的成就，周围的人给予了怎样的赞扬，都不扬扬得意；不管遇到了怎样的困境，遭到怎样的否定，周围人如何批判，都不自我否定，这是一种智慧。

我们只有回到镇定自若的状态，才能有脚踏实地的感觉，从而少了一分忧虑与不安，自然也少了一分纠结。

敢于说“不”，也是放过自己的一种方式

世上找不出两个完全一样的人。每个人都有着不同的标配，就算是再平凡，也都是限量版。不论你能力如何，能够创造怎样的价值，在爱你的人眼里，你就是独一无二的奢侈品。你要对得起自己，不管周围的人如何贬低，都不妨碍你骄傲地活着。

有些人，在世上活着活着就把自己弄丢了，因为他们太顾及别人了。这些人可以夸他们心思细腻、想得全面，但是如果他们考虑的东西过多，去管了一些不该管的事，操了一些不该操的心，到头来只会让自己像一棵结满了果实的树，因为不懂得删减，最终只会被果实压折了枝杈。

陷入纠结的人，往往会看低自己的价值。心理学中将其称为自虐。心理学家认为，自虐是一种十分普遍的现象，世上约有一半的人都有自虐的倾向。生活中，总在迁就他人的人，往往自虐心理会更严重一些。不可否认，这是一个让人震惊的结论。这些“老实人”和“老好人”，很少去得罪人，当别人提出一些要求，哪怕是无理取闹，哪怕心里再怎么不愿意，他们也会表现得风轻云淡地接受下来。实际上呢，他们可能在心里已经拒绝了千百次，想了千万种拒绝的方法，纠结得如同百爪挠心，而最终却输在了开口这道关卡，这些方法到了最后都没有实施，他们还

是勉强地接受了下来。

刚刚参加工作的雷诺，早上一起床就收到了姨妈要到这个城市来看他的消息。这本来是个好消息，而对于当时的雷诺来说却犹如晴天霹雳。因为他当时身上只有100块钱，而发工资要等到三天之后，本来他是可以节俭一点靠这100块钱度过三天的，但姨妈的到来，打破了这个计划。

最后，雷诺还是硬着头皮拿着100块钱去火车站接了姨妈，因为钱不够，他只好带姨妈游览了一些免费的景点，一上午过得还算不错。很快就到了午饭时间，姨妈兴致勃勃地走进了一家高档餐厅，雷诺跟在后面，自从走进餐厅那一刻开始，他就坐立难安，心里不停地打鼓。

两人落座后，姨妈就开始点菜，她不断地向雷诺征询意见，雷诺只好含糊地说："随便，随便。"他哪儿还有心情去在乎这里的菜好不好吃，他早就陷入了绝境。可是姨妈看上去兴致很高，丝毫没有留意到雷诺的不安，她不停地夸奖饭菜的可口，而雷诺只好小声附和。

最后的时刻终于在煎熬中来临了，彬彬有礼的服务员拿着账单走了过来，径直走到了雷诺的身边，雷诺接过账单，什么也没说，愁容却瞬间袭上了脸颊。

姨妈看了眼雷诺，扑哧一声笑了，她从雷诺的手中拿过账单，将钱交给了服务员，然后看着雷诺说："小外甥，我早就看出了你的窘境，我一直在等你开口说'不'，可是你什么都不说。要知道，有时候，坚决地把'不'说出口，其实是最好的选择。我之所以来到这家餐厅，正是想要让你明白这个道理。"

勇敢地去拒绝一些事情，不一定会给你带来麻烦，相反可能会替你减少压力。如果现在不愿意去拒绝别人，那么积压在你身上的重担就会越来越重，摆在你面前的将是一个难以收拾的残局。当你勉强自己去接受别人的要求的时候，你的负重之旅就开始了。

做人要有自己的价值判断，不能随波逐流或囿于某种因素的控制，不然，人生会遭遇太多麻烦与困局。一方面可能会让你的精力在无端的纠缠与烦恼中耗尽；另一方面可能让你失去自我，成为一个傀儡，找不到存在感，失去在别人心中应有的分量与尊重。

接受一个人不容易，而拒绝一个人同样不容易。不敢拒绝的人，往往有个共同点，就是不敢依从自己的真实感受，必须去做一个满足他人的人。因为内心的弱小与不安全感，让他们无力承受内心里形成的潜在的危险，这种潜在危险可能是被“抛弃”，可能是不被爱，可能是成为别人眼中的不近人情的人。不过，这些都是内心戏，现实并不会如此。如果有一件事，你既极不愿意去做，就算它能给你带来很多好处，我们也要学会拒绝。因为一旦违背了内心的声音，虽然表面看起来没什么，但是会产生一些负面情绪，当这种情绪积累过多的时候，就会跑出来影响你。敢于说“不”，不是拒人于千里，不是让你冷漠，而是一种自我保护，一种顺应本心的呼唤，一种成熟的体现。

测试 你是否在意别人的想法

1. 外出游玩，你想要去看怎样的风景？

A. 大海

B. 小溪

C. 瀑布

D. 湖泊

E. 河流

测试结果分析：

选择A

你是个勇敢、开明且自由的人。因为你很坦率，所以很厌烦猜忌，也不会去质疑别人对你的态度与心意。你很包容，如果碰到不喜欢的人，往往会躲避，并不会去直接与人发生冲突。

选择B

你是一个善解人意的人，心思缜密，因此容易郁闷。在受委屈或者被人欺负的时候，往往希望有人能替你出面解决或者主持公道，你很厌烦他人的粗鲁，不妨在做事的时候果断一些。

选择C

你的欲望往往隐藏在内心深处，率直的性格让你看上去大大咧咧的、喜欢评价是非，但是你常常会因为太过直白地表达自己的想法而犯下错误，而且你并不容易感到后悔，因此极少会反省自己的错误。你能以一种较为诙谐的态度来看待人生，不会去刻意压制自己的感情，会笑对人生的挫折。

选择D

你是一个内心很有安全感的人，有着极佳的人缘，从不与人进行正面冲突，在能够忍让对方的时候总会去尽量包容对方。你相信人与人之间可刻意和平共处，因此并不会毫无意义地去打扰对方，当然朋友也不会过度打扰你。

选择E

你的思想十分自由开放，生活无拘无束，敢于表达自己的意见，不过不愿意去寻求问题的解决方法。你有很多朋友，但是大部分关系并不亲密。因为你很喜欢交朋友，但却不愿意去分担朋友的问题，不愿意让对方干扰自己的生活。

第九章 拆掉思维的墙，不把自己逼入死角

爱因斯坦说：“我们不能用制造问题时的同一水平思维来解决问题。”思维是道墙，推倒它，你才能从纠结中走出。

有些事情反过来想想就没那么纠结了

在很多时候，我们所纠结的问题，所摆脱不掉的烦恼，往往都是自己依据过去所得的经验而做出的错误判断。这时候，我们不妨从这种思维中跳出来，换个角度重新去思考，也许就能发现一个突破口，从而得到解脱，或者超越，获得更高层次的宁静，重新收获一片天地。

当人们对一件事情百思不得其解，陷入纠结中的时候，不妨采取逆向思维的方式重新去审视这样一个问题，或许就会取得意想不到的结果。

逆向思维也被称为求异思维，简单来讲就是反其道而行之，对司空见惯的似乎已成定论的事物或观点反过来思考的一种思维方式。司马光砸缸救人的故事早已家喻户晓，在缸太大、水又深、孩子又小的不利情况下，他急中生智，拿起石头砸碎了水缸，救了落水孩子一命。这其实就是逆向思维的运用。

有时候，惯性思维会让人们在思考一些事情的时候陷入僵局，不利于事情的解决。而反向思考，往往会让问题简单化，使解决它变得轻而易举，甚至因此而有新发现，创造出惊天动地的奇迹来，这就是逆向思维的魅力。

传统的破冰船是依靠船体自身的重力来压碎冰块的，而它的头部都采用高硬度材料制成，由于设计过于沉重，在转向的时候往往很困难，另外在面对侧面漂来的流水时，常常会失控，这个问题让人十分苦恼。苏联科学家采取了逆向思维，变向下压冰为向上推冰，即让破冰船潜入水下，依靠浮力从冰下向上破冰。新型的破冰船设计十分精巧，不但节约了很多材料，还提升了安全性和灵活性。遇到较坚硬的冰块，有着不错的破冰效果。这种破冰船被誉为“20 世纪最有前途的破冰船”。

与常规思维不同，逆向思维是采取绝大多数人都没想到的思维方式去思考问题。运用逆向思维去思考问题与处理问题，往往可以让人们免于自我纠结，给困局打开局面，甚至会取得意想不到的成功。

有这样一群人，他们刚刚走出学校，还没就业就开始觉得前途一片黯淡，一切的原因都在于他们的长相。很多人都觉得他们长相太过丑陋而将他们拒之门外。因为应聘的失利，让他们认识了彼此，并结成了一个团队。在经历了抱怨、绝望等情绪之后，他们重整旗鼓，开始新一轮的求职之路。

一天，其中的一个人看到了婚庆公司高薪招聘“伴郎”“伴娘”的启事，还没看要求就顺手将招聘启事揭了下来，带回了家。拿到家里一端详才发现，人家的招聘启事要求的是俊男靓女。当众人刚准备叹气的时候，其中的一个人突然灵光一闪：如果伴郎伴娘太漂亮了岂不是让新郎新娘很难堪，能不能反其道而行之呢？众人一听觉得很有道理。于是大家在第二天，就找到了那家婚庆公司的业务总监，向对方表明了自己的创意，并很快获得了业务总监的肯定，觉得很有道理，愿意给他们尝试的机会。

在正式工作之后，这个由丑男丑女构成的伴郎伴娘团队大受欢迎。公司的业绩也不断攀升，原来的“职场弃儿”试用期满后，摇身一变成为“职场宠儿”。

由此可见，逆向思维的重要性。在事情陷入困局的时候，不妨换个角度思考，也许就能打破僵局，取得意想不到的结果。

不管在什么时候，善于发挥逆向思维，往往可以给遇到的问题多提供一个解决方法。每一种文化、行业和机构都有自己思考的方式。新的观念、好的主意往往能够打破那些因为习惯而形成的思维僵局，将人们从纠结中解救出来。正如新闻记者罗伯特·怀尔特所说：“任何人都会在商店里看时装，在博物馆里看历史。但是具有创造性的开拓者却是在五金店里看历史，在飞机场上看时装。”

世间万事万物都有着紧密的联系，面对一个思维对象，人们不能用传统习惯囚禁自己，不能死守一点，不如来点逆向思维，拯救那个在僵局中苦苦挣扎的自己。

借力未尝不是个办法

有时候能力越强的人越容易为难自己，他们不愿意去信任别人，在遇到问题却找不到解决方法的时候，容易自我封闭，把自己逼进绝望里。

我们必须承认，每个人的能力都是有限的，很多时候只依靠一个人的力量，往往难以成事，有时候借助他人的力量更容易获得成功。荀子在《劝学》中有一段善于借助他人力量和外部条件的精彩论述：“登高而招，臂非加长也，而见者远；顺风而呼，声非加疾也，而闻者彰；假舆马者，非利足也，而致千里；假舟楫者，非能水也，而绝江河。君子生非异也，善假于物也。”意思就是，登上高处，挥舞手臂，在很远的地方都能看到；顺着风呼喊，虽然声音不大，却能让人们听得很清楚；

借助车马，即便不亲自去迈步也能走千里之远；借助船，即便水性不好也能渡过大江河。君子并不是生来就与众不同，关键在于他懂得借助外力。所以活得洒脱不纠结的人，往往会放下自己那高高在上的尊严，懂得去借助他人的力量。

战国时期孟尝君的门客冯谖就借助了秦国的力量，让孟尝君摆脱了窘境，被国家所器重。

当初，齐国的孟尝君田文继承了其父齐相田婴的爵禄，并在不久之后当上了齐国的宰相，在协助齐王与秦国争霸称雄的过程中起到了重要的作用。可是后来，齐王听信了秦国和楚国的挑拨，认为孟尝君功高盖主，名声在己之上，因此罢免了孟尝君的官职并没收了他的封地。孟尝君十分无奈，不知如何是好。

就在孟尝君陷入低谷的时候，他的门客冯谖觉得与其把希望放在齐王身上，不如从秦王入手，借秦王的力来解自己的困局。于是他对孟尝君说："您让我带上礼物前往秦国，不仅可以让您官复原职还能得到更多的封地。"

在得到了孟尝君同意之后，冯谖就跑到了秦国，并对秦王说："所有说客不论是到了秦国还是到了齐国，都是为了秦强齐弱或秦弱齐强。齐、秦二国是不分雌雄而不能并立的国家，谁称了雄，谁就可拥有天下。"秦王听后问道："你觉得有什么办法可以让秦国称雄而不为雌呢？"冯谖说道："齐国之所以可以得到诸侯的尊重，关键在于孟尝君。而如今齐王听信挑拨，罢免了孟尝君的官职，孟尝君必然心生不满而想要离开齐国。如果您能趁机将他请过来辅佐您，那么将不只是让秦国称雄而是可以拥有天下的事情。如果您错失了良机，等齐王醒悟过来恢复了孟尝君的职位，那么谁称雄谁称雌就难说了。"秦王听完之后，觉得很有道理，于是马上派人带着重金去请孟尝君。

冯谖在游说成功之后，马上离开了秦国，先一步回到了齐国，将他对秦王说的话重复了一遍说给齐王听，还说：“秦国对孟尝君的才智很是欣赏，听说秦王已经派人带着重金去请孟尝君了，秦国一旦称雄，齐国就变成了雌，连临淄、即墨都难保了。您为什么不趁着秦国的使者还没到之前赶紧将孟尝君官复原职，再多封领地以示歉意呢？如此，孟尝君必然愿意接受。”齐王马上采纳了冯谖的意见，并派人到边境打听消息，在听说秦国确实已经派人请孟尝君之后，马上就恢复了孟尝君的宰相职务，并在旧有封地外又多增加了一千户的俸禄。

对于一个成功者来说，他清楚怎样借力，借谁的力才能补己所短，长己所长。不要只陷入自己的能力中苦苦挣扎，试着从别的方面去思考，看看周围是不是有人能够帮你解决难题，放下那些无用的自尊，去寻求他们的帮助或许可以让你迅速摆脱困难。

面对僵局的时候，要懂得变通

人们常说：“人挪活，树挪死。”意思是说树生长的位置不能随便变更，不然容易伤根；人不能总是死盯一处不放，要懂得变通。《周易·系辞下》中也提到：“穷则变，变则通，通则久。”

当人们总把目光集中于一处，不懂得变通，就容易出问题。变通，是审时度势之后做出的一种正确的选择。懂得变通的人，并不会固执地不撞南墙不回头，绝不会凭感情办事。相反，他们更加清醒，清醒地认识到问题的症结所在，并做出正确的举动。

《乐在工作：31天激活职场正能量》的作者丹尼斯·魏特利与薇特，曾经用老鼠走迷宫来与人们有时候不懂得变通做对比。

他们在书中指出："科学家为了实验，有时会训练老鼠走迷宫，走到出口处，老鼠便能得到一块奶酪作为奖赏。如果不给奶酪，老鼠仍会依照记忆中的路径走几次，但等到它们了解走完迷宫也得不到奶酪后，便会试走别的路径。老鼠很快便能适应环境的变化，并设法以新方式得偿所愿。"

他们认为人类有时候还没有老鼠聪明，在知道某种固定模式可以获得成功之后，人们会一再重复这种方法，即便失败了，他们也不愿变通。

人们做事不能蛮干，要懂得停下来思考一下，想一想行动里是否存在着错误的步骤，不断去修正自己，才能摆脱不安与困惑。

钢铁大王安德鲁·卡耐基，在19岁的时候当上了宾夕法尼亚铁路公司的电报员，他当时专心在上司斯考特先生手下学习，慢慢掌握了一些超过其工作范围的事情。后来，卡耐基偶然间处理了一件意外事件，让他的才能开始被人觉察。

当时的铁路线路是单线的，管理系统还不完善，还只用电报发指令，因此存在了很大风险，另外只有主管才有权用电报给列车发号指令，这更增大了风险的发生率。当时负责这件事的斯考特先生，常常需要晚上去故障现场或者事故现场指挥疏通铁路线，因此大部分时间没空按时到岗。一天上午，卡耐基刚到办公室就得到消息说东部发生了一起严重的事故，不仅对向西行的客车造成延误，向东行的客车也只能在信号员的引领下一段段前行。因为当时斯考特先生并不在办公室，情急之下，卡耐基发出了"行车指令"。在他发出指令的时候，他就清楚一旦他的指令出现错误，那么就将面临被解雇，可能还要被刑事处罚的结果，不过他还是勇敢地去做了。等到斯考特先生到达办公室时，一切都已经开始顺利运转了。他已经听说列车延误了，第一句话就是："事情怎样了？"当斯考特先生详细了解情况之后，从此斯考特先生就很少亲自给列车发指令了。不久公司总裁汤姆逊先生来视察，还特意夸奖了卡耐基的临机应变。

这件事故的完美解决与卡耐基的灵活变通是脱离不了关系的，按规定，卡耐基是无权调度列车的，但是他的责任心、信心与技能，让他勇敢地打破规定的桎梏，最后完美地解决了问题，得到了上司的默许、老板的赏识。

万事万物都处在不断的变化之中，很多事情的发展都不在人们的设想之内，一个思想僵化、保守的人往往难以解决这样的难题，只会让自己在面对问题时纠结不已。只有懂得了变通，才能打破这样的僵局。

所有人都应当变通地看问题、分析问题，从而解决问题。只有这样，生活和工作才能顺心、舒心，不被纠结所扰，促进自身的进步。

猜了那么久，不如一次开口

常常让自己陷入纠结的人，往往心有千千结，却不善于开口或者准确地表达出来。他们惧怕开口之后可能会引发的蝴蝶效应，因此不管出了什么事情都闷在心里不说，可是越是不说，心里就越纠结，问题也越来越严重。最后像鲁迅先生说的："沉默啊沉默，不在沉默中爆发，就在沉默中灭亡。"

上学的时候，人们大多都经历过这样的时刻：老师在课上讲完一道题，向学生询问：都听懂了吗？台下一片静默，既不说自己听懂了，也不敢说没听懂，于是老师再次发问，几个听懂的学生就开始说："听懂了。"没听懂的学生开始不敢开口，觉得自己没听懂是个耻辱。老师听到了反馈，也就不再深究，他不可能把每个学生都叫起来问一遍，于是继续讲其他的问题，而没听懂的学生就这样错过了弄明白一道题的机会，有心学习的学生会在课后通过更多的努力去搞懂这个问题，当然付出的努力要比听老师讲课多得多；而不在乎的同学，就从此失去了弄懂这道题的机会，当这种机会丢失得越来越多，他们的成绩也将不断下滑。

有时候就是这样，你不发出声音，你就难以达到目的。

有些人常常把"沉默是金"挂在嘴边，写成大字，镶在框里，挂在墙上，用来告诫自己：言多必失，少说多做，祸从口出。可是他们没想到沉默久了就容易滋生问题或者错过很多机会。有些时候，你不说，别人就没法了解你的意图，哪怕是争吵，也比沉默强得多。如果你有了喜欢的人，却不告诉对方，那么就可能让你失去一个可以和对方一起走向白头的机会；如果是在职场上，你是领导，却在把工作交给下属的时候，不告知对方注意事项，不告知对方要求，只凭对方自己去猜测，不仅让员工难以清楚自己的工作要求，更可能造成恶劣的结果；如果你是员工，在遇到问题的时候，不敢去询问上司，总是自己猜来猜去，单凭自己去解决问题，那么有时候不仅浪费时间，工作也会受到影响……

除此之外，不懂得开口的人，往往会与重要的人生机遇失之交臂，而善于开口的人，则会去抓住这个机会。

1916年，21岁的徐悲鸿报考了上海复旦大学，校长在与新生见面的时候，徐悲鸿优雅的谈吐给校长留下深刻印象，认为徐悲鸿必然能成大器，随后给了他很多勉励与帮助。1920年，徐悲鸿在法国留学的时候，被人介绍给当时法国最著名的画家之一——达仰·布佛莱。徐悲鸿当即马上向对方表达了想要向对方学习的愿望，他说："先生！我很盼望能得到您的教诲。"这样的一句话，让达仰·布佛莱感觉到了徐悲鸿的真挚，于是马上将自己画室的地址给了徐悲鸿，嘱咐他可以每周周末早晨来自己的画室。徐悲鸿就这样得到了一个可以提升自己的机会，并最终成为一代大师。

一个过于沉默寡言的人，往往会失去很多机会，所以该表达时则应表达。如果你现在正在为应不应该开口而犹豫不决、纠结不已，那么不妨果断点，去勇敢地表达自己的意思，你要知道，有些时候，只要你敢于发声，那么就能发生奇迹。

没有什么事情比沉默更可怕的了，当沉默代替了交流，那么很多好的想法就无法付诸实践。不要害怕交流，哪怕是争吵有时也比沉默强得多，当一腔怒火无处发泄的时候，有时候会变成更可怕的东西烧掉原本美好的东西。崔永元说过一句话：我之所以还在批评什么，是因为我还爱着她，如果有一天我说都不想说了，才是真的不爱她了。

把事情摊在桌面上来讲，是开展有效交流并找到解决问题措施的关键。当人们敞开心扉且开诚布公地分享自己的见解，人与人之间的关系会更加亲近，问题可能也就因此而解决了。

别让问题主宰你的大脑

问题在很多方面都影响着人们的思维，一旦人们让问题占据了自己的大脑，那么它就会发号施令，限制我们的行为，时间一久，人们就容易变得消极，缺少了打破思维壁垒的勇气。

问题就像是一个个障碍物，推倒这些之后，我们就能破茧成蝶。如果让它一直挡在自己面前，只会让你裹足不前，甚至被它绊倒。

本·柯蒂斯是一名美国高尔夫运动员。他在参加2003年英国公开赛之前，从未获得过任何一个专业高尔夫锦标赛的冠军头衔，甚至从未进入过任何一项赛事的前25名。博彩公司的赔率制定者将他的赔率定在300赔1。这简直就是对他的一种嘲讽，是一种含蓄地表达他绝对不可能获胜的预测。柯蒂斯并不在乎别人对自己的评价，他觉得自己参加比赛的目的就是积累经验、享受快乐。英国公开赛是高尔夫界最激烈也最有名的比赛之一，他希望自己在与世界顶尖球手的交锋中能不断提升、进步。

可能也正是这样轻松的心态，让他发挥得十分出色，当他在第72洞凭借一杆8英尺推杆入洞成为英国公开赛的冠军，捧起象征冠军的“红葡萄酒壶”奖杯时，关注着此项赛事的人们都被深深震惊了。

名不见经传的选手竟然拿下了冠军，这件事出乎所有人的意料，其中甚至包括柯蒂斯本人。短短一周的时间，他的人生就发生了翻天覆地的变化。一周前，他还是一个默默无闻的毛头小子；一周之后，他却成为冠军。开始有各种各样的活动去让他参加，甚至还要到白宫，接受总统先生的祝贺。在诸多给予高尔夫大满贯得主的奖励中，他得到了一个重要的奖励——冠军的豁免权，这就意味着他能够在之后数年的职业生涯中挑选自己心仪的赛事出战。

冠军的豁免权一直到2011年失效。糟糕的是，距离柯蒂斯上一次赢得巡回赛冠军已经整整五年时间了，而他现在出席比赛只为能艰难地保住自己作为职业高尔夫球手的资格。

柯蒂斯迫切地想要征战巡回赛，但是一次次失败之后的绝望影响了他比赛的走势。他表示：“每当我走上赛场，我都对自己说，‘我该怎样做才能避免一场灾难？’”

他每打一杆球，就会设想失败之后的结果，因此他总在考虑如何避免犯错。结果适得其反，他越是小心谨慎，就越会犯更多的错。他的所思所想不断给自己施加压力，让他开始无能为力。更糟糕的是，他的错误层出不穷，即便有时打出了好球，他依然控制不住想自己可能犯错的方式。

紧盯着问题不放，让他烦恼不已，不过幸运的是，他很快就了解了自己的症结所在，并成功挽回了败局。

2011赛季末段，因为柯蒂斯没有机会去争夺任何一项赛事的冠军头衔，让他连参加高尔夫巡回赛的资格也受到了限制。他不得不向高尔夫赛的赞助商申请外卡，才能保证自己在2012年可以到任何一个地方进行比赛。

他不得不每周坐在电话机旁，期待听到赛事总监从50~100位申请者中选择，使他获得那仅有的八张赛事外卡中的一张。大部分的时间里，电话铃并没有响。

然而，在那段时间里当他获得一次站上赛场的机会的时候，他不知不觉中发生了改变。因为没有排名需要去捍卫，因此他也开始不用担心打出坏球，他开始真正去享受比赛本身。2012 赛季四个月过后，柯蒂斯成功摘取了冠军。在德克萨斯公开赛的胜利让他恢复了职业高尔夫球手的身份。柯蒂斯说："高尔夫就是这样，如果你纯粹地享受它，它就会给你带来惊喜。"

紧盯着自己的问题不放的时候，你就开始无法清晰地思考。当问题变得太引人注目的时候，问题就会控制住你的大脑。就像是失眠的人，越是想要睡觉，就越不容易睡着，因为在睡觉的时候，他们满脑子想的都是如何克服失眠、如何睡觉，结果只能适得其反。

有些时候，注意问题本身就是个问题，当我们将注意力从问题上移走的时候，问题也就瞬间瓦解了。而当你过于去专注问题的时候，问题就会变得越来越严重。如果人们正被问题所困扰，不如先将问题放在一边，也许会收获不错的结果。

适度争吵，也许是解决问题的捷径

每个人都希望能够跟他人和睦相处，就算遇到了矛盾、受了委屈，也会独自承担，因为不想因为争吵而影响人际关系。有些时候，我们可以这样做，但是有些时候，这样做只会让问题不断扩大，长期得不到解决，长此以往，内心便容易郁结，不利于身心健康。

有时候，争吵恰恰是快速解决问题的一种方法。不要去害怕争吵，争吵至少说明我们有解决问题的愿望，这是沟通感情、表达内心需求的一种方式。当然，在争吵时要注意把握度的问题，不要让自己失控。

刚刚结婚不久的王梅就面临婚姻危机。她与丈夫通过相亲认识，在相处一年多的时间里，她一直对丈夫的表现十分满意。丈夫长相俊朗，为人讲义气，有着不错的家境和事业，以至于丈夫在求婚的时候，她马上就点头答应了。

不过当她正式走入婚姻之后，她才惊觉婚姻与恋爱时的差距。婚后的生活并没有她预想的那么幸福，她从一个从不操心的姑娘变成了整天跟柴米油盐打交道的女人。丈夫身上坏的生活习惯也开始暴露出来，比如衣服常常脱了扔在一旁，臭袜子扔一地。更让王梅无法忍受的是，丈夫是个大男子主义者，希望王梅能处处都听他的。在矛盾积累到一定程度之后，王梅跟丈夫大吵了一架，并在一气之下回了娘家。

王梅一到家，就把自己的委屈一股脑儿全都说了出来。听完女儿的抱怨，父亲对她说："傻孩子，别动不动就说离婚，夫妻吵架是再正常不过的事情了。小刘人挺好的，你过来的路上，他就给我打电话了，还向我们道了歉。吵架也挺好的，不吵怎么知道对方的想法呢！"

听父亲这么一说，王梅扑哧一声笑了，说："听您这么一说，吵架还值得鼓励了？"

"我怎么能鼓励你们吵架呢！我的意思是说，你现在结婚了，就不能像以前那样希望周围的人都围着你转，你要调整好自己的心态。另外，吵架了，说明你们存在问题了，存在问题就要解决问题，你们好好谈一谈问题也许就能解决了。所以不要惧怕吵架，也许你跟亲密的人吵完之后，会有段沮丧期，但长期观察，你发现你们的关系是更近的。"

最终王梅听从了父亲的劝说，重新回了家，并借着吵架的契机把自己的不满说了出来，丈夫也表示会改正，双方的感情果然越来越好了。

感情再好的夫妻，也不可能不吵架，关键是他们善于把握好度。现在社会中，看似平淡的生活中往往隐藏着危机，没有争吵就不会有掏心窝子的交流，很多问题也就得不到解决。很多关系，看似风平浪静，但是往往是暴风雨来临前的平静，一旦出现问题反而不容易解决。人们需要通过争吵来表达自己的意见的话，那就来场争吵吧。

当然，争吵一定要掌握方法，如此才能解决问题，而不是制造问题。在争吵时，不妨记住下面几点。

1. 不要转移话题

在争吵时，要注意只讨论当前的问题，不要随意转移话题。如果你岔开了话题，那么注意力就会被分散，也就无法解决当下争执的焦点问题，争吵也就失去了意义。

2. 对事不对人

在争吵时，万不可去贬低对方，这会让对方产生极强的防御性。如果你的目的是想要解决问题，那侮辱对方其实就违背了你的初衷，不仅无法让问题得到解决，还可能让问题恶化。

3. 你不应该转身走人、停止谈话

如果你的目标是想要尽快解决双方的意见分歧，就不应当转身走人、停止谈话。要是你走了，问题也就得不到解决了。

4. 注意停下来，听听对方的想法

停下来，先放松一下，试着从对方的角度出发来看待问题，这是十分重要的。去审视自己对待对方的方式，去思考一下问题本身，倾听对方的意见。

5. 让自己保持冷静

冷静和理智是在争吵时最难以做到的事情，当你能保持冷静的时候，就能够有效缓解一下你的受挫感。在你保持冷静的时候，能够做出理想的决定；而当你愤怒的时候，往往会自动启动防御性，根本无法听到别人说的话。

6. 你要学会理解、分析，并从争论中吸取教训

不要沉默以对，你要冷静地讨论话题，并找到矛盾的根本起因。更好的应对方法是什么呢？你从中又学到了些什么呢？当事人双方都应该在一方面达成共识，那就是存在更美好的未来。

7. 你要学会道歉

每个人都会遇到一些你应当先道歉的事情。你说话的口气不对，想事情太简单，没有顾及他人的想法等。当我们都学会了道歉，事情也就容易得到解决，当你不知该为什么而道歉的时候，不妨向对方询问一下答案。一句发自内心的歉意往往可以迅速消除对方的怨气。

只要是以正确的方式去争辩，它就会给你带来好的结果；它能把大事化小，小事化无，远比把问题放在肚子里生根发芽强得多。

让你跳出思维困境，远离纠结的心理技巧

我们所纠结的部分问题都源于我们的内心，它们不是由于事故、运气或者他人所引发的，而是由思维习惯所导致，下面的几种方法可以让你避免走进思维困境，远离纠结。

1. 不要过早下结论

下结论的习惯往往通过两种方式来让人们纠结。一是人们会对即将发生的事情做出假设，并将注意力与行动都放在假设上。人类其实是最蹩脚的预言家，大多数情况下的预测都是错误的，因此错误的假设会造成错误的行动。另一个是，人们往往觉得自己能够读懂任何人的行为，以自己的思想去揣测他人的行为，如此得出他人做事的动机或者结论，但是大多情况这种揣测也是错误的。

2. 不要制造规则

很多时候，所谓的规则其实并不是必需的，这些规则往往让人们怀有紧张感与负罪感。当我们去死守规则的时候，心也被套上了枷锁，而一旦你接受了一些无聊的规则并试图用规则去规定他人的时候，你也变成了规则的助手。

3. 避免给他人或者事情贴标签

人们会不自觉地给自己所接触的人或者事情做出分类、贴上标签。如此一来，思维就容易僵化，会忘记通过标签去了解更多的信息，从而让自己走入困扰之中。

4. 不要小题大做

大多数人都会扩大小挫折的影响力，做出相应的反应。小题大做的人往往会因为一些不会发生或者无关紧要的事情而感到忧虑。这样做无疑是愚蠢且具有破坏力的。

5. 不要太过追求十全十美

生活并不是完美的，也不是非黑即白的，大多时候，我们都处于一种自然的状态中，不算太好也不算太坏。如果一定要去追寻一种绝对性，必须要求完美，那么将很难得到快乐。

6. 不可凭感觉行事

你如何想并不意味着事情就如你所想，这不过是你自身的感受罢了，并不能左右事实。大多数情况下，情绪只能单纯地表明你的状态，并没有更深层次的意义，世界不会因为你的感受而改变，感觉可能是真的，但那不是真理。

7. 不要惧怕困难

如果成了生活的胆小鬼，那么处处都是草木皆兵。一颗消极的心难以在复杂的世界上生存，因为总会盯着一些肮脏的东西查看却忽略了原本的美好。换一种思维，可能就会发现隐藏在身边的奇迹。

8. 不要沉湎过去

让过去过去，未来才能到来。人们的很多痛苦都来源于对过去的回忆。你越是惦念过去，就越过不好现在，既然已经过去了，就要学会遗忘，毕竟时间不能重来。

测试 你的思维独特吗

如果有一天，你正在餐厅用餐的时候，突然听到柜台里的服务员正在慌张地说餐厅里发现了一颗炸弹，你认为罪犯会将炸弹放在哪个地方？

A. 厨房

B. 客人座位

C. 餐厅门口

D. 厕所

测试结果分析：

选择 A 的人：

你常常会有一些鬼点子，有时说出来会让大家大笑。你的想法属于特别奇特的那一类型，因此就算有人对你的点子表示欣赏，也不太敢附议。不过，这并不会让你失去对自己的信心。其实，你的想法都比较新颖，不过用在别的地方可能会更恰当，所以请不要轻易放弃，相信自己的想法总有一天能够派上用场。

选择 B 的人：

你的想法很现实，做事方式也是中规中矩。一旦有些超离常规，你就会不由自主地开始紧张，生怕出了差错，让别人抓住把柄。你心中有一把标尺，用来衡量自己，也会去衡量他人，因此你的生活十分规律。

选择 C 的人：

你的思考模式很简单，并不会出现什么天马行空的设想，因为你总觉得别人比自己厉害，所以总会先听听别人的意见，之后才开口。如此谦逊的态度，让你很有人缘，大家做事总会想到你，不过由于你的配合度太高，人又过于随和，时间一长，你就容易丢失自己的个性，忘记自己的想法。

选择D的人

你的心思十分缜密，会考虑很多他人都想不到的细节，所以想事情会比较慢，当大家已经开始另一个话题的时候，你才会冒出一句没头没脑的话。可是因为你说的极有道理，所以让别人不得不先停下其他话题来听取你的意见。你有着锲而不舍的精神，凡事都会坚持到最后，就算不被他人理解，你也不会轻易放弃，一有机会，你就会阐明自己的看法。

第十章 不计较彰显魅力，得失权当一场经历

人们总会在得失上败得一塌糊涂，求得太急切，往往什么都得不到；放弃了，却又得到了。其实得得失失又算什么？得失看淡一些，内心就会少纠结一分。

人生的路很长，不必纠结一时得失

置身于五彩斑斓的世界里，大多数人都喜欢百花齐放，也喜欢着不同凡响的热闹，面对凋零与平淡，心中难免有所哀怨。但是聪明人明白，四季会有轮回，得失也都有交替。

相机虽然能够把我们在某一时间定格，却不能定格我们的人生。我们现在所经历的、所感受的，都不过漫长岁月里的一小部分。不管是欢乐的、悲伤的、寂寞的、愤怒的，这些终将会过去，甚至不留一丝痕迹。如果太计较眼前的得失，只会堵住未来的入口，让美好的心情无法入驻；太执着于鸡毛蒜皮这类小事的纷争，只会让你错失很多美景。生活中从来不缺少“精明”的人，他们会把方方面面都算计到，生怕自己在哪方面吃了亏或者让人占了便宜。可是这样越是吃不了亏的主，往往就越容易吃大亏。

罗丽就是这样的人。罗丽在跟男友交往三年之后，终于要步入婚姻的殿堂，这本是一件让人欢喜的事情，可是罗丽的表现让男友一家心烦不已。

在结婚前，她向男友开出条件：装修好的房子，十五万的彩礼，再加上各种家具电器。准公婆依照所有的要求办好了，唯独房子没有过户。老人说得很实在：“我们就这么一个儿子，等我们过世了，这个家不都是你们的吗！”

可是罗丽并不这么认为，这房子一天没过户，她就一天也消停不了，一说起这件事，她就不依不饶，最后因为这件事跟老人闹翻了脸。

因为罗丽总是没事找事，让老人们觉得很闹心，他们开始寻思：她嫁的是自己儿子，还是钱？如果真心实意地喜欢自己的儿子，何必如此斤斤计较，咄咄逼人呢？这姑娘还没过门，就这么能折腾，等过了门，岂不是要闹翻天！于是两位老人都觉得罗丽看上的不过是自己家里的钱。

对此，罗丽矢口否认，她觉得自己图的就是男友这个人，并没有图钱。准婆婆被逼急了，就要求罗丽跟自己儿子做个婚前财产公证。罗丽认为这是对自己的侮辱，于是甩手而去。

望着罗丽离开的身影，准婆婆气愤地说："不就是做个公证吗，怎么不敢去，难道是做贼心虚？我倒是觉得，如果有真感情，去做公证才是最有尊严的，如果日后有人再揣测她的意图，完全可以理直气壮地把那张公证拿出来。现在的姑娘啊，怎么眼光不能放长远点呢？我不过是试试你，怎么就这么不经试呢？"

如果罗丽知道这不过是准婆婆的试探，恐怕会气得暴跳如雷，恨自己太注重利益而轻了感情。一桩婚姻也就这样还没开始就结束了。

有时候，人们需要把自己的得失心先放一放，要明白人生路迢迢，不必因为一时得失去斤斤计较，纠结不已。如此，在面对选择的时候，才能不乱分寸。当一颗心坦然了，很多事情就迎刃而解了；而一旦一颗心失去了方向，太渴望拥有一些东西，过分地暴露自己的目的，就会让你想要的东西从身边溜走。

活得不纠结的人，往往会用平常心去看待周围的一切，驱散焦躁的尘埃。在物质与利益面前，不被欲望扰乱心情打乱节奏，明白哪些是自己想要的。当你这样不纠结地活着的时候，你就是一个世界上最富有、最幸福的人。

为小事计较，只会暴露你的浅薄

生活就像是一首华美的乐章，由各种各样的音节组成。有些音节低沉、有些音节高昂，可是不管少了哪个音节，都构成不了一个完整的生活。如果总是将目光放在一些琐碎的小事上面，那么就会将自己逼入一个逼仄的世界里，变得越来越狭隘，越来越偏见；如果再无休无止地纠缠下去，必然会让自己越来越痛苦。

安德烈·摩瑞斯在《本周》杂志上说道："我们常常因为一点小事，一些本该不屑一顾、抛之脑后的小事，弄得心烦意乱……想象我们活在这世上的日子不过几十年，而我们却浪费了很多不可能再补回来的时间，为一些无足轻重的小事而烦恼，真是太不值得了。"

高晴就很明白这个道理。她不管遇到什么事，都会在心里默念："没什么大不了的，早晚会过去的。"

有一次，高晴与先生邀请了几个好友到家中做客，还特意准备了西餐。在平日里，高晴就是一个很讲究的女人，尤其是在吃方面颇有研究。在准备吃饭之前，高晴发现酒杯居然不是高脚杯，而是一次性的纸杯。她特意跑到厨房里查看，在垃圾桶里发现了两个高脚杯的残骸。

当时她特别生气，想要马上找到先生跟他大吵一架。但是这时，先生跟客人聊得正欢，自己为此事而跟先生发生争吵，岂不是很尴尬？她做了一个深呼吸，笑着请大家入座。大家走进餐厅，虽然发现了不合格调的纸杯，但并没有多说。当晚的氛围很融洽，可能是因为纸杯的缘故，所以大家也都没那么讲究，玩得很开心，一直夸奖高晴厨艺不错。

朋友走后，高晴把杯子的事情告诉先生，并笑着说自己差一点儿就暴跳如雷了。

先生笑着说："好媳妇，给你的表现点个赞。你不知道啊，其实是他们几个不小心把杯子打碎了。我说不要紧，我媳妇不会在意的。他们说你一定会生气，可是没想到你一点儿都没生气。媳妇你真棒！"说着，先生就亲了高晴一下。

听完来龙去脉的高晴长吁了一口气，庆幸自己当时并没有大发雷霆，不然一定会把场面弄得十分尴尬。她带着撒娇的语气说："幸好我权衡了一下，宁愿让大家觉得我是个不那么讲究的人，也不让他们觉得我是个爱发神经的人。为了一点小事儿就大动肝火，只会显得我没有教养。"

人生苦短，不管是工作还是生活，让人心烦意乱的事情有很多。有时人们总是计较一些小事，不仅化解不了问题，还只会让问题变得更加复杂。

著名英国作家迪斯累利说过："容易为小事生气的人，生命往往是短暂的。"我们不妨大气一些，一些无关紧要的小事不要太较真，就算对什么看不惯，也要学会让自己沉静下来，不把自己一步步逼入绝望的深渊，在有限的时光里，活出无限的精彩。

争了半天，赢了也是输

很多人都有一个习惯：只要是自己认为正确的事情，一旦有人提出了不同的意见，那么就一定要跟对方争个输赢才算结束。但是就算最后对方妥协了，那又能怎么样呢？除了短暂的胜利感之外，你换来的可能只是问题的暂时搁浅，而且有可能因为这次争论，让双方的关系也受到影响。

有时候争论并非是解决问题的最佳方法，想要解决问题需要双方都冷静下来，找到问题的症结究竟在哪里。如此才能顺利解决争端。

很多急性子或者直肠子的人，在遇到问题的第一时间就喜欢与人争论，无论这件事是否真的值得去争论。其实，有些毫无意义的争论只会让人觉得你心胸狭窄、好勇斗狠罢了。

林肯总统手下就有这样一个急性子的年轻将领，他很好强，凡事都喜欢跟别人争出个结果来，因此常常可以看到他跟其他将领在争吵。作为一个将领，是一个军队的主心骨，如果常常像小孩子一样争吵，难免会影响军心，给人留下太过浮躁的印象。

为了能够让这个年轻人意识到自己的毛病并改正过来，林肯狠狠地处罚了他，并告诫他说：“一个想要办成大事的人，不能处处都跟人计较，消耗大量的时间和精力去跟人争论。无谓的争论只会损害你的心情，同时让你失去自制力。因此，你要懂得在面对一些情形的时候，对别人大度一些，谦让一些。就像是跟一只狗抢路，不如让狗先行一步，如果被狗咬到，就算是把这只狗打死，也无法马上让你的伤口愈合。”

在社会之中，每个人都有各自的立场、处境、身份与家庭背景，因为各方面因素的差异，在面对同一件事情的时候，人们的想法往往会存有差异。而一旦有了差异，就容易发生争论，每个人都想要纠正对方的观点，有时一不小心就容易做出一些伤感情的事情或者说出伤感情的话来。

在人际交往中，如果不想因为跟人争论而纠结，那么就需要做到以下几点。

1. 留给对方说话的机会

在与人交流的时候，尤其是因为观点不同而与他人发生争执的时候，切忌一直咄咄逼人，自己一个劲地说个不停。不管你的心情多么迫切，都要耐心地让对方把话讲完，千万不要不由分辩就急着跟对方争论，不然只会增加彼此之间的误会和隔阂。

2. 注意说话的方式

其实在沟通的时候语气也要多注意，很多人在说话的时候都会不自觉地带刺，也许你觉得没什么，但是会让对方感到不舒服。这时就不利于双方的沟通了。另外在方式方面，很多人都会采用先扬后抑或者先抑后扬的方式，因为在对方没讲完的时候就急着去争辩，可能会造成一些没必要的误会。

3. 适度保持沉默

在与他人意见不一致的时候，一定要让头脑保持冷静。尤其是在讨论一些跟自己无关或者关系不大的琐事时，要学会保持沉默，让对方去说好了。如果对方根本就是对我们存在成见或者不够了解，那么在开口之前要加倍小心，不然很容易损害我们在他人心中的形象。

4. 说话对事不对人

当我们因为一件事而与对方争辩的时候，总会无意间将事情引到与事情相关的人身上，甚至有时会口出恶言。比如当一件在你看来很重要的事情办砸了的时候，你可能会责怪对方：“这么重要的事情都办不好，你怎么这么没用呢！”

每个人都有自尊,一旦自尊被侵犯,那么就可能出现无法控制的场面。所以不管讨论什么事情，都要对事不对人，围绕事件本身去讨论。

5. 尽快走出僵局

如果争论无法避免，并且最终你取得了胜利，那么你一定要展现自己的风度，不要去计较当时对方的态度，要善于打破僵局，向对方表明，虽然跟你争论了半天，但是我一直把你当朋友。如此缓解气氛，让双方尽快和解。如果是对方赢了，那么也不要去计较结果，千万不要因为输给了对方而耿耿于怀。

去接受现实，才能过好现在

威廉·詹姆斯说：“我们所谓的灾难很大程度上完全归结于人们对现象采取的态度。受害者的内在态度只要从抱怨转为奋斗，坏事就往往会变成令人鼓舞的好事。在我们尝试过避免灾难而未成功时，如果我们同意面对灾难，乐观地忍受它，它的毒刺也往往会脱落，变成一株美丽的花。”

生活就像是一本书，写得再好，也总会有不尽如人意的地方。有些人，喜欢在公平与不公平的问题上纠结，可是世界上本就没有绝对的公平。因此纠结来纠结去，做的不过是一件毫无意义的事情，只会浪费自己的时间与精力。不如利用这些时间与精力去做一些有意义的事情。

索菲娅的父亲是一位踏实肯干的农场主，母亲是一位善良的家庭主妇。索菲娅还有一个姐姐和一个弟弟。

在索菲娅十六岁那年，原本平静幸福的生活却被一场战争打破了。第二次世界大战爆发，村里的所有青壮男子都报名去参军了，索菲娅与姐姐的心上人也都在其中。原本要与索菲娅举行订婚仪式的迈克尔，带着无奈匆匆与索菲娅吻别。

几个月过去了，男人们像消失了一样，音信全无。后来，有些伤员、病员从战场上陆陆续续退了下来。索菲娅向这些人焦急地打探迈克尔的消息，而最终得到的却是他已经罹难的噩耗。一个从战场上退下来的伤员，将迈克尔的遗物交到了索菲娅的手上，在遗物中夹杂着一封信，信上写着:

亲爱的索菲娅：

我在给你写这封信的时候，我已经在北美战场上跟敌人打了一个昼夜，大部分的战友都牺牲了。空气里到处都弥漫着呛人的火药味和鲜血的腥味。或许，下一刻我就跟战友一样，为国捐躯了。但是我并不会为此而畏惧，身为一个男人，这便是我的使命与责任，当然也是为了你，我亲爱的索菲娅。

请不要为我担心，战争早晚有一天会过去。如果我能够平安地回到你的身边，我一定会让你成为世界上最幸福的女人，如若我不能回去，不管发生了什么，我都希望你能坚强。你要幸福地活下去，毕竟那平静的生活都是由我和其他人用生命换来的。今后的日子，也希望你能够幸福。

爱你的迈克尔

索菲娅读完这封信已经涕不成声，不过她也清楚了迈克尔要传达给自己的意思。从此，她再也没哭泣过。在之后的半年时间里，到处都被战争的恐惧所笼罩着。索菲娅在失去了迈克尔之后，没过多久，她的父亲也不幸牺牲了。母亲因为承受不了失去丈夫的打击，变得十分消沉，也病倒了。

索菲娅扛起了家庭的重任，她料理了父亲的后事，照顾病中的母亲，关照年幼的弟弟，安慰也失去了爱人的姐姐。

战争结束后，母亲的病逐渐康复，姐姐也从失去爱人的悲痛中走了出来。当大多数人还在战争的阴霾中抱怨的时候，残破的街道出现了一家新开的商店，这家店的主人不是别人，正是索菲娅。

既然伤害已经造成，我们没必要一直活在里面，要试着从中跋涉出来，才能迎接阳光。世界不是按照公平的原则造就的，遇到不公平的事情不要想着为什么受伤的人总是我，这样想不仅无法去改变现实，而且会让自己更加心烦气躁。

世界上没有那么多公平可言，生活本就没有我们预想的那么美好。因此不要去计较那些生活给予自己的伤痕，要学会正视这些现实，学会上药、包扎，如此才能让伤口愈合，让生活继续。

别人得到了不意味着你就失去了

人是一种相当复杂的动物，有些东西自己没有可以，却容不得别人拥有。这种思想折磨着人们，让人们为此而纠结不已，它叫嫉妒。《新约》里说，嫉妒是最卑鄙的罪恶。它是我们情绪里刻薄的部分。你的心眼有多小自尊心有多大，你能产生的嫉妒心理就有多强。毒舌的后面，往往掩藏了一颗饱受挫败和失落的心。

有这样一个故事：有一个大富豪，一心想要个儿子却求而不得，于是富豪吃斋念佛多年，善待僧人，终于在他 50 岁的时候有了一个儿子，视若珍宝。

过了几年，一位曾经到富豪家化缘的僧人再次前来拜访的时候，却被拒之门外。僧人十分奇怪，便向富豪的邻居询问缘由，邻居告诉他，富豪的儿子只会笑，不会哭，不管怎么弄，还是不哭。周围人都说这孩子是菩萨托生或者高僧转世，势必要出家的。富豪一想到儿子可能会成为僧人，自己百万家财却后继无人就不由得开始怨恨僧人了。

僧人听完其中的缘由之后，重新来到了富豪的家门口，他对门口的仆人说自己有办法让孩子哭。听到僧人的话，仆人赶紧转达给了富豪。富豪很高兴，将僧人请到了客厅，并让仆人将小少爷带到客厅里来。僧人从桌上的果盘里拿出了一根香蕉与一串葡萄，在孩子面前晃了晃，孩子微笑着接过了葡萄，却没有接香蕉。

僧人不由觉得奇怪，富豪慌忙解释说："这孩子打小就不喜欢吃香蕉。"

富豪随即将孩子手中的葡萄也拿走了，孩子只是愣了一下，却不哭。看到孩子的表现，富豪无奈地对僧人说："高僧，您看，失去了却不悲伤，也不哭闹，不会是前世高僧转世吧？"

僧人想了许久，端起果盘，对富豪说："请小少爷跟我来！"

仆人抱着孩子跟随僧人来到了门外，见街上有几个小孩在玩耍，僧人便将果盘里的香蕉都分给了这些孩子。孩子们高兴地接过香蕉，狼吞虎咽地吃了起来。

看到这样的场景，小少爷突然伸手指着香蕉，大叫起来。富豪赶紧拿果盘里的葡萄哄儿子："好儿子，你不是不爱吃香蕉吗？这里有你最爱吃的葡萄呢！"

小少爷一把拿过葡萄，气急败坏地扔到地上，依然伸手想要香蕉，但是街上的孩子很快就把香蕉吃完了，并拿着香蕉皮逗富豪家的儿子。小少爷再也忍耐不住，"哇"的一声大哭起来，把周围的人都吓了一跳。

富豪看到儿子哭了，不禁大笑起来，看来儿子是会哭的，不是什么菩萨转世。不过富豪还是十分不解："这个孩子平时一口香蕉也不吃，今天怎么会为香蕉而哭呢？"

僧人微微一笑："这世间大多数人的悲伤，不是因为自己失去了，而是因为别人得到了。"

生活中，很多人都像这个富豪家的儿子，看到别人有个好工作，会在心里嘀咕："他并不比我聪明，为什么可以有这么好的工作，是不是托关系进去的？”看到别人找了一个好伴侣，也会心生不平：“长得那么矮，凭什么有这么好的男朋友。”看到别人买了大房子、开上好车子，也会心情糟糕，甚至会小心眼地诅咒对方马上遭遇一场大难。

其实，别人得到的同时并不会让我们失去什么，同时别人得到的也往往不是唯一的,也并不会妨碍我们去得到,可是我们为什么会为此纠结、生气呢？

这种不平和怨气主要源于嫉妒。嫉妒是藏在人们内心的一种天生的自私。人们的嫉妒往往来源于身边的人，亲戚、朋友、同事、熟人。人心一旦染上了嫉妒，就会做出不理智，甚至损人不利己的事情来，不仅伤害别人，也伤害自己。

人生在世，一定要有一颗平和旷达的心，真心祈祷自己和别人都获得幸福。俗话说：“己欲立而立人，己欲达而达人。”别人有所成就，我们不要心存嫉妒，应该平静地看待，真心地祝福，这是拥有幸福人生的秘诀。

测试 你是个爱计较的人吗

你到一个著名的瘦身中心，打算做一次全身的瘦身计划，你认为服务你的小姐是哪一种类型的?

A. 甜美型

B. 气质型

C. 美艳型

测试结果分析：

选择 A：计较指数 90 分

你虽然看起来平易近人，但是内心却十分敏感，会去在意一些小地方，可以说不是一个心胸宽广的人。或许有时你会因为看不惯一些不平之事，而直接将自己心中的不满表达出来，让旁人觉得你有很多理由，但在你心底确实是个爱计较的人。这会让你很纠结。

选择 B：计较指数 20 分

你的作风十分随意，出手也很大方，所以有着不错的人际关系，你觉得吃点亏不算什么，你无法像他人那样去争权夺利或一味求成。大家都知道你是一个好人，不会去记仇，因此也不会去嫉妒他人，很容易满足。

选择 C：计较指数 60 分

你给别人的第一印象是很精明能干，可以轻而易举地去搞定一件事，但是这不过是你的外在表现。因为你总是事事苛求完美，所以会不由自主地计较一些东西，要求也很多，不过私下的你并不会这样，是个很随意的人，有着很大的反差，常常会让人无法适应。

第十一章 随缘自适不较真，经营稳稳的幸福

人世间最动人的东西莫过于情感，而情感偏偏却又是最难以把握的。就像花与露、云与月，仿佛永远相偎相依，但又仿佛永远相离。情感是花，美得让人窒息；情感是药，苦得让人心疼。

你越是防备，越容易失去

有些人，活在世上，总在无意识地算计着，“跟这个人交往，能够给自己带来怎样的好处”。在这样的得失心的支配下，选择是否跟这个人继续交往下去或者交往的亲疏远近。其实，人们在交往中苦苦追寻的，不过是“对自我的无条件的肯定”。

很多人就像孩子一样，希望可以得到别人无条件的宠爱。虽然现实中，这种无条件的爱往往只存在于一些亲人之间，但是潜意识里每个人都是对别人有所期待的，而这种期待就是一切纠结与痛苦的根源。

王娟与高磊已经分手三个月了，但是她的脸上还残留有不合时宜的遗憾，跟人交谈的言语间还有些怀念的意味。

王娟跟前男友高磊是通过相亲认识的，彼时，王娟早已成了亲人眼中的大龄剩女，面对各种催婚早已心生疲惫，而高磊也恰好有了安定下来的打算。于是两人便开始了接触。

王娟其实挺中意前男友的，觉得双方各方面的条件都比较匹配，而相处几次下来却觉得很累，感觉话里话外都是套路。

有了一定生活阅历的人相处起来往往会脱离恋爱中应有的幼稚与浪漫，多了几分现实。每句话里都带有试探，每句话都仿佛是深思熟虑之后才开的口，而那些没有说完的话，往往是为自己留好的后路。因为太多小心翼翼，反而不易亲近。比如微信聊天，王娟有时候想把自己一天发生的趣事一股脑地都告诉对方，可是看到对话框里显示对方正在输入的那一刻，她就打消了这个念头，换上了另一个想法，不如先看看他要说什么。

王娟很少会给高磊打电话，也不会跟对方表现得多么热络，尽管她对高磊越来越有好感，依赖性也越来越强，依然不怎么表现出来，佯装高冷。王娟觉得自己要在对方面前表现得十全十美，才会让对方珍惜自己。如果对对方的爱表现得太过热烈，那么对方就会占据主动权。

可能也正是王娟表现得如此高冷，让高磊觉得很累。他在跟王娟分手的时候说道："虽然我很喜欢你，但是总觉得自己抓不住你，这让我在跟你相处的时候很疲惫。"

在爱情里把自己武装成百毒不侵的样子，给自己涂上保护色，分不清真心还是假意，生生将这场爱情给错过了。你的保护色，会让对方看不到你的真心，越试探，就越让对方疲惫。

不如将爱情弄得简单一些，没有那么多钩心斗角，少一些套路，多一些真诚，将你的想法袒露给对方。你们是在谈恋爱，不是在谈判，不要让本是琴瑟和鸣的爱情，变成了草木皆兵。

在爱情里，没有一味的付出与得到，一切都由心意来决定。如果在爱情里一味地索取，让对方来讨好自己、珍惜自己，为自己留一百条后路，担心对方有一天会离自己而去，那只能说明你爱得不够多，不够真诚。

爱情里的安全感其实就是自己给予自己的，一场恋爱不要去计较输赢得失，不然恐怕永远都无法遇到一场真正意义上的爱情。

未结果的花，就让它谢了吧

莫文蔚在《爱》这首歌中唱道：“没结果的花未完成的牵挂 / 我们学会许多说法来掩饰不碰的伤疤 / 因为我会想起你 / 我害怕面对自己 / 我的意志总被寂寞吞食 / 因为你总会提醒 / 过去总不会过去 / 有种真爱不是我的……”

有人说一听到这首歌就会想起分手的那段痛苦。失恋之苦，刮骨剜心，让人仿佛是在爱情中溺水一般，无法自拔。甜蜜的、痛苦的都铺天盖地而来，那些一起度过的时光，一起畅想的未来，不由分说地扰乱着人们的心迹。殊不知，失恋永远都是一场后会无期。

程飞大四那年跟女友分了手，每天熬夜喝酒压马路。大冬天的夜里，常常会绕着女友宿舍楼一圈一圈地走。他说他想叫女友出来，向她认错请求原谅。但每次发去的短信，都以拒绝结尾。到了后来，他放弃了这个念头，不过还是会在女友的宿舍楼下坐上半天。他这样浑浑噩噩地过了半年。后来，事情发生了翻天覆地的变化。也不知怎的，这家伙突然就像开窍了一样，不再去追忆往事，开始了新的生活。

后来打听之后才知道，有天这家伙碰到了一个以前认识的学长。交谈之后才知道，学长也失恋了。就在朋友以为遇到了同路人可以抱头痛哭的时候，他发现学长看起来并不伤心。他向学长询问原因，学长说：“我怎么能不伤心呢？可是我还有很多事情要做，要拼事业，照料父母，哪有时间与已经成为过去式的感情纠结不清，哪有时间颓废，未来的妻子和孩子还等着我来养呢。”

一句话点醒梦中人。既然感情已经成了过去式，就没必要整天为其愁眉苦脸。就像是一坛再好的酒，酒坛如果掉在地上摔碎了，再怎么痛惜，再怎么后悔都是于事无补的，只会浪费你的时间与精力。与其这样，倒不如重新去酿一坛好酒。

有人曾经说过“智商看追求，情商看分手”，大体意思是说，一个人的综合素质会在他面对最绝望的情感的时候清楚地表露出来。如果可以妥善处理，说明你是一个高度成熟的生命个体；如果由于分手而放纵自己颓废下去，那么只会向离开你的人证明你的幼稚与无知。如果在对方多次拒绝后，你依然幻想着前任能够回心转意，那么说明你太过天真。这世上没有谁离不开谁，谁也不是谁生命的全部。如果爱得太深不想分手，那就心平气和不卑不亢地去挽回一次，记住只能一次。如果答案是肯定的，那就好好互相珍惜；如果答案是否定的，那就要学会转身。

分手的人，如果总纠结于旧恋情，那么就会让自己沉浸在幻想中。心理学中告诉我们，人们总会不自觉地去美化旧情人。因此才会有失去了才懂得珍惜的心理。既然爱情失去不可挽回，我们就要学会保重自己的身体与生活，因为爱情并不是生活的全部。你还有亲人、朋友和事业。当你将自己投身于其他的生活中，就会发现，那朵未结果的花，早已凋零。当你再回头看那段感情的时候，也就没有了那般纠结。如果有一天你能像安妮海瑟薇在《One Day》里说的：“我无法控制自己对你的难以忘怀，可是我关于你的一切已经再也没有了期待。”那样，恭喜你，你已经从失恋带来的百结愁肠中走出。

在爱情里，每个人都是盲目的，我们被肾上腺素欺骗了自己的内心，其实有时候，你自以为是的深爱并不会伤及你，也并没有那么珍贵，只不过因为分离，因为没能开花，所以变得尤为重要，尤为珍贵，可是当你从这份自以为是的痴情里走出来的时候，才发现自己当时以为天塌地陷的分手，不过是一场玩笑。

让一个人心甘情愿地去相信自己曾经视为生命的一段感情已经变质，其实并不是一件容易的事情。人心是世间最难以揣测的东西，也是最难以收回的东西，那些向一个人敞开的心，不是说关上就能关上的。

可是我们要明白，有些感情到了尽头只能放弃。或许这个伤口会隐隐作痛，可是我们要知道有些人的离开只是为了让我们学会重新去爱。

当你在流年之后，重新拾起曾经的恋情，清算所有的感情，你会发现，你曾经的爱，不过是为了迎接一个更好的人。

你以为的刻骨铭心不过是云淡了风轻了，你以为的一辈子生死纠结不过如此。缘分尽了，无论爱情还是友情，都会走向陌路。有些人注定只能成为你的路人，注定与你的未来无关。

给对方安全感，少一分纠结

两个原本素不相识，或者不熟悉的人走在了一起，必然会有一段磨合期。人在爱情面前，尤其是在心意尚未明朗的时候，很多人都变得小心翼翼，像个细腻又敏感的孩子，不放过任何一个蛛丝马迹去试图解读对方。这种解读是一种双方思想的触碰，也是一种试探，也是一种关心，他们希望能够通过这些让感情有所突破，有所升华。

不过活得纠结的人，往往会过度解读一些东西，让感情变了质。发现对方的手机里还存有前任的照片，就会开始猜测不断；看到对方空间里，还有前任的留言，也会疑神疑鬼……其实主要原因是，他们缺少安全感，自己纠结来纠结去，却又不敢向对方询问，最后可能连感情也变得纠结了。感情原本是坦荡的，纠结的不过是人。

曾有一个男孩因为受过情伤，所以对待感情开始怀疑。后来，他喜欢上一个女孩，可是女孩是白羊座的。他的前几个女友都是白羊座的，这让他开始怀疑自己跟白羊座有缘无分。因此纠结不已，不断衡量利弊，不断去揣测这段姻缘是否能够到白首。一旦陷入纠结中，人就容易迷信，而迷信之后，就会越发纠结。幸运的是，他结识的那个女孩是个果断的姑娘。用自己的热情和爱慢慢地消除了他心中的疑惑，让他消除了顾虑，如今两人早已步入了婚姻的殿堂，还有了爱情的结晶。

人有时候常常会给自己制造问题，尤其当他们缺少安全感的时候。他们会去纠结一些边缘问题，去计较星座，计较八字这些虚的东西，将安全感放在了虚无的事情上。实际上，感情并没有那么复杂，只要人不纠结，感情就不纠结。

如果你发现自己也在感情里纠结着，不妨对对方多一些信任。如果实在怀疑，那就鼓起勇气去询问。开口总比憋在肚子里，让问题生根发芽，彼此猜来猜去强得多。将人生活得足够明白的人，往往不会去把感情复杂化。

如果你发现对方在感情中纠结着，那就要努力去给对方安全感。想一想是不是自己让对方缺乏了安全感。沉浸在爱情里的人，都会变得小气，这是因为在乎。对方可能真是因为过于在乎你，所以才会变得疑神疑鬼。在恋爱时，去擦掉前任的痕迹，是每个人都应该做到的。爱情都是自私的，是专属的，是不能分享的。宽宏大量是对方的事情，你要做的就是要给对方一个安全感，一份专属的感情。

一个女生这么说：家里有一只猫，是跟前男友一起养的，他介意，我就送人了；他不喜欢我手机里还有前男友的电话号码和照片，我就删掉了。我只想尊重和珍惜一份感情。

这是一种迁就，更是一种对感情的重视。人都换了，难道还计较那几张照片或者东西吗？人们判断对方是否爱着自己的方式有很多，但是如果你让对方感受不到这份爱意的时候，他就只能从边边角角去找证据。这时候，感情就会陷入纠结之中。

如果爱，请深爱；如果不爱，请彻底。感情本身就是彼此好的坏的，全都袒露给对方看，像个待售商品，如此一来，才能彼此信任；如果你都藏起来，让对方跟你玩捉迷藏，那么当他玩累的时候，也就是你们分手的时候了。

爱情是站在对方角度的一种妥协

现代人有时候会把尊严与态度看得太过重要，在婚姻中，每个人都希望自己是高高在上的，希望对方能够过来讨好自己。希望自己能够占领先发制人的高地，掌握婚姻中的主动权。在这种锱铢必较中，人们变得越来越不会去维护婚姻与爱情。以至于问题越来越多，彼此开始相互猜忌，并且在这种猜忌中纠结不已，越陷越深，最后积累成一个婚姻的致命伤，导致婚姻的破裂。

张悦有一个美满的家庭，夫妻感情和睦，羡煞旁人。谈到让婚姻保鲜的方法，张悦说其实很简单，就是站在对方的立场去想问题。

有一段时间，张悦和丈夫孙军都特别忙，不得不让孩子先到姥姥家住一阵。从北京到山东，一个有点远的距离。丈夫将孩子送到山东的姥爷家，临走的时候，张悦的妈妈将自己做的一些吃的交给了孙军。

对于这些东西，张悦充满了期待。可惜，在孙军赶往机场的路上，由于工作忙只顾着打电话，将这些东西落在了出租车上。

当得知这些东西被忘在出租车上的时候，张悦的心情一下子低到了谷底，如果丈夫丢的是平时在超市买的东西倒也没什么，可偏偏是妈妈辛苦给自己做的吃的，要知道她已经很久没尝过母亲的味道了。这种失落感迅速蔓延到了她每一根神经。

还没等她发火，丈夫就说自己已经联系到了那位出租车师傅，师傅去了比较远的郊区，估计要等几个小时才能送回来。他现在准备改签机票，等一下出租车师傅。

张悦这时想起，丈夫晚上还有重要的工作，于是说："没关系，你还是赶紧回来吧，别耽误了正事。"

张悦一遍一遍打电话劝丈夫别改签，丈夫却在改签之后告诉她，自己已经跟客户说明了情况，客户表示理解，让她别在意。

对于丈夫的"任性"，张悦心里其实充满了感动。丈夫虽然因为马虎办错了事，但是他知道，这些不值钱的东西，对于妻子而言，是无比珍贵的。他愿意等在那里，帮妻子找回来。一个小举动，却成全了张悦的心有不甘，弥补了一场遗憾。每次想要吵架的时候，张悦就会想起这件事，想到丈夫的温暖，也就释然了。

大多数时候，婚姻其实就是一些鸡毛蒜皮的小事。婚姻里的大问题也就是这些鸡毛蒜皮的小事没有处理好而引发的。在感情里，没有那么多是非得失的评定标准，如果过分纠结，那么很容易让感情失去本应有的温暖。

有时候换个方式来处理问题，往往会让小事也能散发出温馨来，成为维系感情的一个重要回忆。

两个人过日子，没有那么多惊天动地的事情，夫妇的感情就在柴米油盐酱醋茶里，站在对方角度去想问题，是两人相处的大学问。

一些看似不起眼的小事，最容易窥见人心。毕竟人类多是自私的，每个人都希望自己能成为主角，能够去驱使和摆弄他人，能够得到所有人的爱与宽容。

能够站在对方角度考虑问题的夫妻是难能可贵的，因为有时候一换位，问题也就释然了。为对方退了一步，就能够过好每一个朝朝暮暮。

优雅地放手，好过无谓地强求

爱情是最蛊惑人心的东西，是世上最高明的毒，无色无味，却能让人如痴如醉，瞬间就沦为俘虏，魂牵梦萦。再理智的人一旦遇见了爱情，就变得措手不及了，仿佛原本觉得自己自由得像阵风，却忽然间发现自己不过是一个风筝，被一股线牵着，对方走到哪儿，自己的心便跟到哪儿。

在爱情里，最让人纠结的就是自己喜欢的人不喜欢自己，莫言说的“这个世界，总有你不喜欢的人，也总有人不喜欢你。这都很正常。而且，无论你有多好，也无论对方有多不好，都苛求彼此不得。因为，好不好是一回事，喜欢不喜欢是另一回事”。可是陷入爱情的女人就是不明白这个道理。

韩梅梅是个女强人，但是在感情的事情上总是纠缠不清。她爱上了一个不爱她的男生，即便男生曾经明确地拒绝了她，但她还是一次次地尝试让对方改变想法，一次次为男神打破自己的原则和底线。她经历了一次次拒绝，一次次醉酒、哭泣。她总是哭着跟对方说："你为什么那么狠，我到底要怎么做，你才能接受我！"

这种典型偶像剧里女二号的设定让她痛苦不堪。可是不爱就是不爱，做再多的努力，对方依然不会有所改变。朋友一遍一遍地劝说，让她放弃，可是她就是做不到。后来朋友生气地说："你怎么把自己弄得那么贱呢？为了你所谓的爱情，为了一个男人，不值得，真的不值得！"

可她说："我就是贱，但是我愿意。"

"那你活该难受！"朋友一气之下离开了。

不过时间是最好的特效药，当他慢慢淡出了她的视线，当她遇见了现在的男友，她终于明白，所有的爱情其实都是强求不来的。当你学会放手的那一刻，就会迎来一份崭新的爱情，彼此心意相投，不再纠结，让自己待在这份感情里会更加安心，不会让你丢了自己。

刻意追求的爱就像是强扭的瓜，最后的结局只能是折损的。不要总觉得自己付出了就一定能够得到回报，在爱情这种本就不讲道理的命题面前，有时候付出带来的不过是对方对你更多的厌恶。

如果对方连理都不愿理你，那么就不要去强求了。一个人活在世上，是为了喜欢自己的人而活着的。不要在不喜欢你的那个人身上耗费太多时间与精力，那样只会让你越来越纠结。

感情从来不是一场生意，没有等价交换一说，不断地付出只会让你越来越纠结，越来越不想从这场本就注定不会有结果的感情中抽身。勉强不来的东西，不要去追逐，不仅会累坏自己，也会让对方身心俱疲。

不是所有风景都属于你，有些东西强求不来，不如潇洒放手。有些风景只能路过，只能欣赏，然后继续走自己的路。

生活中，有些东西需要的不是坚持而是放下。放下一个不属于自己的爱人，放下一份不切实际的梦想，放下那些求而不得的东西，才能将自己从纠结中拯救出来，才能寻找到属于自己的那份幸福。

世上没有最好的爱人，只有最好的经营

爱情大抵是世上最让人理不清看不明，最美丽也最深刻的东西。关于爱情，每个人都会有一些憧憬，都想要邂逅一个疼自己、爱自己的人，谈一场浪漫的恋爱，收获一段美满的婚姻。然而，现实不是童话，没有那么多完美来等待自己去邂逅。

当一段感情从每天都会带动心跳的惊喜走向平淡无奇的相濡以沫，彼此在对方眼里不再秘密深藏，而是活得足够透明，以至于原来的那些设想统统推翻，变成了柴米油盐的家长里短的时候，人们往往会出现一种错觉，觉得现在的一切与自己的设想南辕北辙，眼前的这个人当初一定是瞎了眼才会看上的。

一切都变了味道。在失落与不安的惊慌之中，人们开始感叹婚姻是爱情的坟墓，曾经勾勒出的未来蓝图也没有了实施的必要性。现在朝夕相处的人，跟自己幻想中的爱人形象相去甚远。因此很多人开始试图改造对方企图让对方变得更加完美，如果一直不能如愿，那么大多会有两种结果：要么委曲求全，要么另谋他处。

不管是哪一种，都不是最好的。委曲求全中必然带着失望与不甘心，当一段爱情里总是带着失落与不安，那么彼此的关系就会变得紧张；而另谋他处，则意味着过早地结束了一段感情，可是离婚真的能够获得更完美的恋情吗？要知道，每个人都不是完美的。

在一个大学同学的聚会上，几个在大学时期颇为要好的女人聚在一起聊了近况。结了婚的开始聊起了自家的情况，带着一脸惆怅和无奈，指责爱人的不是；单身的听不进去，依然憧憬着完美的童话。倒是有一位看起来颇有气质的女孩子一直都没有说话，等大家都讲完了，她才不急不慢地说："我没结婚，也不想找多么完美的男人，找一个合适的就好了。"

大家觉得好奇，于是都靠拢过来，想要听听她的见解。她笑了笑说："每个人都有曲线，也是最难被改造的地方。完美的男人就像是中央空调，对谁都好，各方面也都让人满意。可是跟这样一个闪闪发光的人在一起，不一定会幸福。到那时，不仅要时刻注意自己的形象，还要对自己提出更高的要求，不然总会担心自己配不上他，或是被他挑剔。如此的话，就太辛苦了。要是选一个有缺点的，就不用活那么累了。”

尘寰中，每一种生活都称不上完美。完美的婚姻并不是和完美的人在一起，而是懂得用包容和理解经营出完美的关系，你若太挑剔，看到的就都是他的缺陷，却丝毫没有留意到他身上闪光的那一部分。

当我们不再去计较爱人的那些琐碎的缺点，学会去接纳对方的时候，我们就更容易触摸到幸福的脉络。

真正的爱情是总有一天，你会遇到一个人让你去打破自己的底线，放弃自己的原则，让他成为一个意外，驻守你的心里。到那时，你就会发现对方所有的缺点都会变成优点，让你无法自拔。

测试 你是否还在为过去的爱而纠结

你独自在家一边看电视一边吃薯条，看到兴奋的时候一不小心将薯片打翻了，撒在了桌子上，面对满桌子狼藉，你会怎么办？

A. 反正桌子比较干净，继续捡起来吃

B. 虽然有些可惜，但还是算了，不吃了

C. 不就一包薯片嘛，重新开一包，接着吃

测试结果解析：

选择 A 的人：

想要让你从心底里放弃对旧爱的感情并不是一件轻松的事情。在很长一段时间里，你的脑海里总会留下旧爱的影子，虽然你表面在尝试与其他人进行交往，内心却对新恋情十分抗拒。

选择 B 的人：

你为人很洒脱，凡事拿得起也放得下，可以爱得惊天动地，当爱情已经离开的时候，你也选择走得干净利落，不拖泥带水。挥别旧爱之后，你会以一种积极的态度去投入新的恋情，对旧爱即便有时偶尔想起，也只是一笑而过。

选择 C 的人：

你表面看起来很洒脱，嘴上说着“不爱了就不爱了”，似乎近乎冷漠，而心里却一直放不下对方。你会以积极的方式生活，但是对旧爱会一直念念不忘，看起来最洒脱的你，其实也是最执着的一个人。不会表露对旧爱的不舍，心里却反复地播着“想念是会呼吸的痛”……行动上你会以积极的方式去过活，而心里对于旧爱却是终生不忘，看起来最洒脱的是你，其实最执着的也是你。

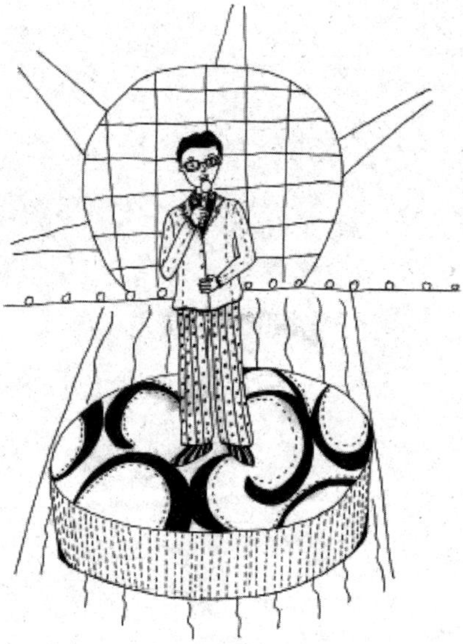

第十二章 不以工作为囚笼，在展示才能的舞台上展现自我

卡耐基说：“我们的疲劳通常不是由于工作本身，而是由于忧虑、紧张和不快。”工作其实并没有我们想的那么复杂，不纠结地工作更能让你走向成功。

承认自己能力有限，才能让有限的能力不断增加

很多年轻人最纠结的一件事就是当面对招聘网站形形色色的岗位时，不知自己到底要做怎样的工作，好像什么都能做，又好像什么都不想做。有些人一边羡慕着销售这些岗位的高待遇，一边又觉得自己承受不了其中的压力与应酬；羡慕着会计、设计等岗位的专业性，又苦于没有专业基础。所以他们常常会纠结到底该选哪个岗位。这个人群不仅包括刚步入社会的大学生，也包括一些有着一定工作经验的职场人。

已经工作三年的程阳又陷入了新一轮的迷茫中。他在毕业之后的三年里，做过各种各样的工作，但是总觉得这些岗位不适合自己，所以他总为做什么工作而苦恼不已。

为此他专门找了一位职业指导师来咨询。在简单介绍自己的情况之后，职业指导师问他："你可有什么选择工作的标准和方向？"程阳支支吾吾地说："应该没有。"随后马上补充道，"我觉得只要有人给我机会，我什么都可以做，并且一定能够通过努力做得很好。"

接着职业指导师继续问道："如果，你现在要去参加一个演出，其中包括了导演、演员、剧务、摄像等多个岗位，你认为自己会选哪个岗位？"程阳马上回答说："我想做导演，因为我善于把握事情的总体情况进度。"

职业指导师又问道："如果已经有人做了导演，那么在剩下的岗位之中，你会选择哪个？"他想了一下，然后说："那样的话，随便哪个

都 OK。”

接着职业指导师分析说：“现在我们来增加一下每个工作需要的专业门槛、难度及时长，比如，演员一定要是科班出身，摄像必须经过专业的培训和持证上岗，剧务最好有过三年以上的工作经验，你会选择哪个？”

这时程阳低下了头，他终于明白，其实他哪个职位都胜任不了。他总是把问题考虑得过于简单，忽略了其中的困难。

很多人都会遭遇跟程阳一样的问题，他们总是在纠结自己做哪个工作，将自己看成一个无所不能的人，认为没有自己胜任不了的工作，之所以没有发挥出真正的能力，全都是因为公司没有给自己提供机会。

常常为此而纠结的人，不妨先弄明白以下几点：

随着我们年龄的增加，加上受到家庭环境、教育背景、人脉等因素的影响，职业的选择性越来越少，并且随着时间的推移，以及现实的压力，个人的可塑性降低，人们必然会失去从事一些岗位的机会。对于专业性比较强的岗位而言，如果没有经过几年甚至十几年的学习，很难胜任，很多公司出于这方面的考虑，并不会给非专业人士就职的机会。

其次，认为自己什么都能胜任的人，往往并不了解自己的优势和特点。这类人就像是墙头草一样，想法总在不断地变化，今天想做这个，明天想做那个，他们始终无法下定决心，其实是因为他们从心里对自己不够肯定，更多的时候是处于“只要我想做，别人又愿意给我机会，那我一定能够做好，但是能不能一直开心地做下去就不一定了”的自我安慰之中。

总在这样纠结的人，不管选什么岗位到了最后都会后悔，因为他们在进行职业定位的时候考虑得更多的是自己喜不喜欢，能不能做好。这种想法中往往掺杂着一些单方面的理想主义色彩，不想去改变自己，却想着去改变环境，最终必然会被环境所淘汰。

人们的欲望太强的话，获得机会的时候往往不是庆幸自己多么幸运，而是责怪自己错失了良机，没有趁机多捞一把。因此对于这样的人来说，不管选择什么职业，不管走到哪里，都是一个纠结的人。

我们必须要承认和接受自己不是万能的，集中自己的注意力，才能学到更多的东西。理智的人懂得让自己成为一名学习者，不断从工作中增加自己的能力，知道自己有所为有所不为，才能大有所为。

别着急，让自己走得稳一点

初入职场的年轻人，多会犯一些眼高手低的毛病。他们一边羡慕着那些光鲜亮丽的领导或者开着跑车、住着豪宅的成功人士，一边在面对自己的工作时不上心，总觉得自己是被大材小用了，可是他们又别无他法，因为自己的能力有限，好的公司根本看不上自己，于是他们就陷入了“爱我的人我不爱，我爱的人不爱我”的尴尬境地。

既然不是业内精英，也没有雄厚的家世背景，就不要总想着一夜成名的梦。所有的成就都是一点一点积累起来的，没有经历过破茧之痛，就难以锻炼出抗击风雨的翅膀。不懂得增强自己的实力，却一心着急成功的人，即便遇到一些机会，也没有能力把握住。因此，与其总想着走什么捷径，不如让自己慢慢积累实力。

你可以将一个高职位作为目标，但不能将目光总聚焦于此，要用行动去挑战自己和同龄人，也许这个过程看上去很漫长，但是这是很多人成长的必经之路。

很多人在职场上都过于心浮气躁，总想着能够一步登天，希望自己能够在最短的时间内，将别人甩在身后。然后，快并不代表着一切。就像是汽车生产商，他们在做宣传的时候不是只说这辆车能跑多快就够了，他们需要更加注重安全性，因为一辆汽车如果没有了安全保障，那么所有的优势都不过是浮云。

很多竞速项目的世界冠军在赛后接受采访的时候，当谈到获胜经验的时候，他们通常会说："我也没想那么多，只是按照自己的节奏来。"这句话其实说得很正确，在参赛的过程中不贪图暂时的领先或者看到别人加快节奏而心急如焚，扰乱自己的节奏，而是按照自己的节奏来进行，最终让自己得到胜利。

在日益浮躁的今天，很多人只凭着一腔激情和一定的专业技能，怀着玩玩看的想法就走上了创业这条路。可是没过多久，他们所构建的乌托邦就在现实下分崩离析了。细究之下，很多创业者的失败，并不是产品出现了问题，也不是他们的能力出现了问题，而是他们的无知与浮躁导致创业的态度越来越偏离初衷。

2015 年 8 月份有一段视频引发了网友的讨论。视频的内容是关于 APP 超级课程表的 CEO 余佳文与 360 的 CEO 周鸿祎的一段争论。事件的起因是余佳文在 2014 年年底的"青年中国说"节目中曾经放出狂言说："明年我会拿出一个亿的利润分给员工，让他们开心一下。"转眼"一年之约"已过半，余佳文以"青年代表"的身份参与"开讲啦"节目的录制时，被主持人撒贝宁问及此事，他用一种无所谓的态度说："我准备今年年底在广州搞一个超大型的'余佳文认屄会'，我认屄怎么了？我就是做不到，我做到也认屄。"

这样无所谓的态度很快就引起了演讲嘉宾周鸿祎的极度不满："你这个说法是非常错误的。首先不要轻率地承诺，做了承诺媒体和大家会跟你算账的。第二我觉得说了如果做不到，特别是面对你的员工，这种失信是很大的事情。”余佳文则对周鸿祎的说法很不认同，他甚至还准备教育一下周鸿祎：“周总我要批评一下你，年轻人的企业是应该玩出来的，不必太过于较真。”一时间硝烟四起，被余佳文狂妄的态度激怒的周鸿祎说：“你这句话讲得很虚伪。你作为老板不能忽悠员工，如果你觉得金钱一点无所谓，反正都是玩，你敢不敢把所有的股份都分给你的员工？”

事后，人们都对周鸿祎的说法表示了赞赏，通过一段争论，人们都看到了余佳文的问题，其实早在他大放狂言的时候，原本打算投资他的俞敏洪马上就打消了自己投资的念头。作为中国互联网领军人物之一，周鸿祎虽然一直处在舆论的风口浪尖,但是他的能力是没人能够否认的。在创业大潮一浪高过一浪的情况下，很多创业者都在想着颠覆，想着改变一切了。这种急功近利的心态让他们在浮躁的追赶之中迷失了。他们忘记了创业的初衷和基本的原则，比如诚信，比如创业本身的态度。

周鸿祎曾经在一次参访中谈到，作为一个创业者，想要获得成功，一是不要去攀比，要做别人没做过的事情；二是做事时要低调，用俗话说就是要装孙子，别装大爷；三是做事要踏实，不要看一时热闹就轻易跟风。有时候不管创业方式如何改变，有些东西是不会变的。

沉下自己的心，让自己走得慢一点。总是眼高手低的人，往往都是对行业半懂不懂的年轻人，一旦他们真的钻研了，就不会这样做了，也自然不会困惑了。只有把问题看透了，才不会盲目地轻易放弃，而是专注地去投入，理智地说话，踏实地做出效率与业绩。

多做少纠结，汗水永远强于口水

步入职场之后，人们每天都忙忙碌碌的，除了要做好分内的工作，还要应付各种复杂的人际关系，一旦点起了抱怨的火苗，那么就难以扑灭，人们会抱怨上司、抱怨同事、抱怨工作重……活得纠结的人，往往是满腹牢骚，似乎很少能碰到让他们开心的事情，他们总是将不顺心放在嘴边。他们就像是个负能量的传递者，不仅将自己搞得很烦躁，也将别人弄得很不安。实际上，抱怨对事情的解决并无益处，只会让我们在纠结中不断兜圈子。相反，如果能够心平气和地正视问题，理清自己的思路，那么解决问题的概率将大大提高。

李卫高考落榜之后，在一家汽车维修厂工作，从第一天工作开始，他就对工作充满了不满，不是抱怨工作太脏，就是抱怨工作太累。他常说："如果不是考试的时候出现了点小错误，我现在都是大学生了。做修理工太丢人了，以后怎么面对曾经的同班同学啊！"

不管李卫怎么抱怨，老员工们都不为所动，似乎并不想搭理这个整天都在抱怨的小伙子。就这样，小李每天都在煎熬和痛苦中度过，他不想做这样的工作，但又害怕失去手头的工作。

和李卫一样，程飞也是一个高考落榜生，并且跟李卫同时进入了修理厂。从进入修理厂的那天起，他仿佛每天都能从修理厂中找到乐趣。他总是兴致勃勃地去向老师傅讨教修理经验，并听老师傅讲一些车主的故事。久而久之，程飞在不知不觉中就练就了一身手艺。随着自身修理能力的不断提升，修理厂的老板觉得程飞很有前途，于是就把他送进了大学去进修。而李卫，还在纠结中抱怨着，又不得不做着他所鄙视的修理工工作。

可见，身处职场，不管从事什么工作，汗水永远比抱怨的口水来得更有价值。如果像李卫那样，一边鄙视着自己的工作，一边又因为一些原因不得不工作，对工作毫无热情可言，那么即便从事的是重要的工作，也不会有什么大的成就感。

工作不分高低贵贱，既然你已经选择了它，那就应当好好地去爱它。就像是一个母亲一样，既然生了这个孩子，那么不管孩子聪不聪明、漂不漂亮都会全心全意地去待他，给他所有的爱，教会他人生的道理，做一个尽职尽责的母亲。工作其实就是这样，你好好地爱它，尽职尽责地去完成，那么就会有一个好的结果等着你。

世上没有不出彩的工作，只有不出彩的自己。你若想要取得好成绩，那么就应该去好好地对待工作，不去计较，不去抱怨，该来的总会来，世界不会亏欠你的每一分努力。

面对工作，先完成，再完美

叔本华说：“扰乱人们的不是客观事情，而是人们对客观事情的见解。”很多时候人们纠结的根源并不是事实本身，而是自己的认知与思维出现了问题，让你有些招架不住。

下面是人们常常纠结的几件事：

1. “这件事是我第一次做，我怕做不好又不敢推辞”

要知道没人从一开始就是个专家，所有的技能都是在不断摸索中积累出来的。面对一个新的工作任务，先不要想自己能不能胜任，不如想一想自己在做这件事的时候能够学到什么。如果你先要完成这个项目，那就认真地去对待。对于大多数工作而言，两年的学习足够让一个菜鸟成为一个老手，甚至是专家。你为什么要放弃这个绝佳的机会呢？

2. “我没有人脉和资源恐怕完成不了”

当你觉得工作（尤其是推销这类需要有人脉资源的工作）无法向前推进的时候，可能会觉得“我又不是不想做成，可是我认识的人就那么几个，根本帮不上忙”的想法。其实，这也不过是你为自我设限的一个借口。所有的人脉和资源大部分都是人们努力争取来的，尽力去扩充你的人脉吧，哪怕从现在开始也是来得及的。有时候你的魅力比人脉和资源更有效。

3. “这事儿有人已经做过了”

有时候当你满心欢喜地发现了一个不错的点子准备告知领导的时候，

却突然发现这个想法已经有人提过了。这时候，你也没必要为此而沮丧。对方不过是先你一步证明了你的观点很有价值，帮你测试了其中的风险性。做第一个吃螃蟹的人很重要，但是正如PayPal创始人Peter Thiel所说，“更重要的是成为市场终结者”。与其纠结于“有没有人已经做过了”，不如想想“我怎么才能把这件事干得更好”。

4. “资源短缺怎么办”

对于已经获得成功的人，人们总能从他们身上找到所谓的成功的原因——他们重点大学毕业；他们正好赶上了好时候；他们遇到一个识人的贵人；他们有个不错的家庭背景……

人们习惯于以自己外部资源不如他人作为自己失败的借口，殊不知，很多时候，有限的资源反而是个有利条件。资源短缺会让你更关注于事情本身，让你保持理性，提升思考力与注意力，尽最大可能做好规划，往往能够收到不错的效果。

5. “我们以前就是这么干的”

人们常常会被固定思维所囚禁。时代变化很快，信息更新换代速度极快，有时几个月前的东西拿出来都已经过时了。当一个人总是将“我总是……”挂在嘴边的时候，就说明了他的懒惰与守旧。如果你总是循规蹈矩地用曾经的方法去做现在的事情，那么不如去尝试一种新的方法，也许你会得到更好的结果。

6. “我就是这样的人或者我就不是这样的人”

当你将这类话脱口而出的时候，你就用语言给自己定了型，告知周围的人，你不愿意去做任何改变。你要明白，所有值得追求的东西都需要承担一定的风险。

每一个未来都与现在相连

在电影《天下无贼》中，黎叔有句耐人寻味的台词："我最烦你们这些打劫的人了，一点儿技术含量都没有。"其实，不仅是黎叔，生活中的大部分人都不喜欢从事那些没有技术含量的工作和岗位。

很多做着基础岗位的人，他们往往会有一个体会就是"不是不努力，而是不知道要朝哪个方面努力"，他们一方面觉得应该趁着年轻多掌握一些技能才不至于被社会所淘汰，一方面因为身处基础岗位而不明提高的方向。

活得不纠结的人，往往明白，基础的工作正是磨炼自己心智与毅力的最佳途径，更是掌握技术含量工作之前必须掌握的技能。大多数情况下，只有经过了枯燥又乏味的基础工作，才能拥有想要做的工作。

很多人一边做着基础工作，一边又从心里嫌弃自己只是个打杂的，掌握的都是一些毫无章法的技能和不成系统的能力，从来没试图去将自己掌握的杂乱无章的技能总结起来，因此自然阻碍了未来的发展。

2016年，日本乒乓球神童张本智和来到上海的曹燕华乒乓学校，打算跟中国的同龄小将们过过招。

张本智和从2岁起就开始穿着尿不湿打乒乓球，3岁坐在球台上执着练球，8岁在日本同龄人中已经独孤求败，因此被人们誉为是日本的"乒乓神童"。据说中国著名乒乓球运动员樊振东在看到他打乒乓球的视频之后，都称赞说："这个水平，高过同龄时的我。"

这样的神童，如果跟中国普通的小朋友比赛，岂不是稳操胜券吗？可结果让人大呼意外。最终，张本智和以 1 胜 7 负的成绩交上了这次比赛的答卷。虽然跟他比赛的小朋友大多比他大一岁，但是也有他的同龄人，而且是个小姑娘，结果他还是输了。

到底是什么原因让张本智和这个神童在中国遭遇了滑铁卢呢？

在比赛之后，中国的教练普遍认为："这个日本小孩打得挺棒的，但是问题就在于他的基本功不够……"因为基本功不够，所以主要的各项技术基础就难以掌握准确，而且不够细腻。因此他参加比赛的经验要比国内的小朋友多，所以他的战术应用十分灵活。国内的孩子，在他这个阶段，大多更注重基本功的培养，去抠技术上的细节。在进行一系列高强度的基础性训练之后，教练员才会教孩子们一些技术动作。而张本智和还没有掌握好基本功，就开始注重技术上的提高，因此出了很多问题。

2016 年世乒赛女团决赛，中国队完胜日本队，比赛中，大满贯得主张怡宁和央视解说杨影对本场比赛进行点评时也直言不讳地说道："她们（日本队）小时候基本功就没练好，打球基本上都一个节奏。"

简单来说，他们都输在了基本功上。

由此可见基本功多么重要。其实跟乒乓球一样，我们所做的基础工作就相当于我们工作中要掌握的基本功。当你把基础工作做扎实以后，自然能够掌握很多技能，在牢牢掌握这些技术的基础上，你再提升其他能力，才能让你有质的飞跃。

职业的起点低不要紧，关键在于要学会努力。很多工作其实并没有我们想象中的那么糟糕，更多的情况是因为个人的消极情绪影响了自己看待事物的态度。当你不急功近利，学会将被动工作变成主动工作的时候，你就慢慢接近了自己想要拥有的工作。

所有的事情只有做好基本功，才能有继续发展的可能，就像是盖房一样，只有打好了地基才能盖好房子，不然不管你把房子装饰得多漂亮、多豪华，都无法让你在房间里住得安稳，因为你不知道它什么时候会倒塌。这样的房子再好恐怕都没人愿意住。

在做工作时也是一样，如果你的工作做得不到位，那么你再能花言巧语也是于事无补的，毕竟公司需要的不是一个能言善辩却不会做工作的人。

要学会处理意见不合的情况。通常来讲，在讨论一件事的时候，大家相互交换自己的意见往往能够产生好的成果。不过在这个时候，人们也需要加倍小心，避免表达失误，将讨论变成了争论，引发问题。

有些时候，当对方意见并不与自己相左，自己只是想要发表意见或者提出建议的时候，如果表达不慎，也容易给人留下不好的印象。

人们总会认为自己的思考是正确的，总是强烈地认为自己是了不起的。因此当出现反对自己的意见信息的时候，往往会不假思考地进行反驳，最后演变成毫无意义的口角。

不过，等人们冷静下来，不管是谁，都会从内心深处的角落重新对这件事进行梳理，开始怀疑自己的做法或想法：“也许这不过是我的个人看法，可能考虑得确实不够全面。”

还有些人，当出现与自身意见相左的意见的时候，虽然嘴上不说，但是心里会进行一番激烈的争辩。用“他说得对不对”“这个人什么都不懂”这类话，在大脑中与对方进行争论。

如果类似的思维模式长期不断重复，那么自己心中那种自以为是的见解就会越顽固。随着这种情况的不断加剧，对于与自身意见互补的信息能够得到共鸣，但是在面对与自身相左的意见时，就很难产生兴趣和共鸣。

到了这种时候，人们就会自动屏蔽一些与自身意见相反的信息，完全不会将这些信息放在心上。于是，就造成了恶性循环，自身大脑摄入的信息不对称，让整个人都变得难以交流，对信息的读取和接受能力出现严重障碍。

在工作中，我们也经常会遇到这样的情况。不管我们如何深入浅出地去分析一件事，并告知对方，但是对方就是听不进去。同样的，自己有时候也会半天听不明白对方在说什么，搞得双方都很烦躁无奈。

为什么会这样呢？为什么有些很简单的东西我们却理解不了呢？这是因为，当时我们的心已经处于凌乱状态，因此我们很难梳理好接收的信息。这时候，我们要做的是调整自己的心态，不要让自己的心中有太多的欲望或者怒火。

当听到别人在阐述与你相左的意见的时候，尽量先让自己冷静下来，不要去采用刺激的语言，最好采取一些平和易懂的语言。可能你觉得偶尔使用一些可以刺激对方的词语更容易传达自己的信心，但是事实恰恰相反。刺激对方自我意识的话，往往会包含一些跟对方利害关系相悖的语言，一旦刺激了对方的心，对方就可能对其他部分失去兴趣，而开启了想要反驳你的开关。如此一来，你真正想要表明的内容，就无法传达给对方了。

因此在与人讨论一件事，并企图说服对方的时候，千万不要使用带有刺激性的语言，尽量使用一些平实、容易让人接受的语言，更能够达到理想效果。

测试 你的职场年龄是多少

成熟的职业心理是事业成功的有力保障，成熟的人在面对纠结的时候也多了一份从容和淡定，那么下面我们就来测一下你的职业心理年龄吧！

1.在工作中，你更愿意跟哪类人进行接触？

A.比自己更强大的

B.需要自己的

C.不太清楚

2.如果工作需要你去到一个完全陌生的社交场所，你觉得自己的表现会如何？

A.很自然

B.有点怯场

C.经常很怯场

3.当你的上司反对或者无法理解你的建议的时候，你会怎么办？

A.听取他的意见并改进

B.不再说话或者避开这个问题

C.继续解释

4.如果你觉得对方的说法是正确的，但是对方的态度太过恶劣，让你十分生气，你会怎么办？

A.对对方提出的好的建议表示感谢

B.表面上不听对方的，但是背地里改正

C.气哼哼地按照对方说的做

5.工作上遇到麻烦，下班之后你会怎么做？

A.从亲人或者朋友那里得到安慰

B.一个人出去散心，忘掉烦恼

C.憋在心里，愤愤不平

6.你的老板有事情请假，让你暂时代为管理公司事务，你的反应是什么？

A.那我要求增加工资，因为工作量增加了

B.这是一个极佳的表现机会

C.哈哈，这下没人管我了

7.当你的同事很费力地想要教导某件你很清楚的事情的时候，你会怎么做？

A.委婉地告诉对方，你早就了解这件事了

B.什么也不说，但也什么也不听

C.先听他讲完，再说明自己其实很精通

8.如果突然中了五百万大奖，你会怎么做？

A.马上辞职，马上去做自己真正想做的事情

B.将大部分存起来，继续努力工作

C.买车买房，向同事吹嘘

9.因为工作要求应酬，让你的情绪十分低落时，你会怎么做？

A.强颜欢笑，不把自己低落的心情表露出来

B.找个借口离开

C.完全不掩饰情绪，不过会坐到最后

10.你觉得同事对你的印象是？

A.普通的人

B.聪明的人

C.老实的人

11.你觉得自己的工作与生活怎么样？

A.当前的生活与自己的付出相符

B.总在花大量的时间做一些自己不愿意做的事情

C.没碰到好的机会，不然会有更好的生活

12.如果发现工作中存在着不合理的情况，你会怎么做？

A. 不予理睬，见得多了已经麻木了

B. 在可能的情况下会仗义执言

C. 十分气愤并会直接进行指责

测试规则说明：

选 A 得 5 分，选 B 得 3 分，选 C 得 1 分，把你所得的分数相加就是你的职业心理年龄指数了。

答案结果分析：

0~20 分：职业心理儿童期

从本质上来看，你的想法过于单纯天真。不切实际是你最大的优点和缺点。它能让你感受到快乐，不过也会常常让你感到受挫。这种类型的人大多具有自发性，并能够出色地完成一些具有创造性的工作，不过缺少耐心，像孩子一样容易放弃，因此很难得到大家的信赖。你需要多在职场的风雨中磨砺一下，让自己变得成熟起来。

21~40 分：职业心理青年期

你是一个理想主义者，身上有着诸多让人喜欢的品质，比如富有冒险精神、乐观、专注、求知欲强等。不过你的好斗性往往很快会演变成固执和不妥协，容易导致分歧的产生。此外，你通常对自己的直觉并不信任，且容易受到周边环境的影响。处于这个年龄阶段的人，应当注重长远目标，克服短期行为。

41~60 分：职业心理成熟期

你做事中规中矩，比较踏实沉稳，你会认真去把握自己现在的时间。你成熟、内敛、实际，能够巧妙地处理各种矛盾，平和地去看待完美与缺陷、获得与失去。你能认真地认识自己，辨明是非，知道什么是该做的、什么是不该做的。你的同事也常常会跑来询问你的意见，因为你总能给人一种可靠感。

参考文献

[1] 雅楠 编著 . 优雅的女人不生气 [M]. 苏州：古吴轩出版社，2014

[2] 阮松丽编著 . 每天读点情绪心理学 [M]. 北京：中国纺织出版社，2016

[3] 美禾著 . 你所烦恼的事九成都不会发生 [M]. 长春：北方妇女儿童出版社，2016

[4]（日）小池龙之介著 . 不纠结的修行 [M]. 北京：印刷工业出版社，2013

[5] 蔡践编著 . 别让患得患失害了你 [M]. 北京：海潮出版社，2014

[6]（美）加布里埃尔·伯恩斯坦著，冯倩珠译 . 不纠结过去，不忧心未来 [M]. 北京：同心出版社，2013

[7]（美）库伯著，徐阿晴译，乔俊芳、廖之坤校译 . 你生命中的大事：不忘初心，方得始终 [M]. 北京：中华工商联合出版社，2014